适应气候变化研究：国际谈判议题与国内行动策略

何霄嘉　张雪艳　著

科学出版社

北　京

内 容 简 介

本书在梳理适应气候变化理论研究成果的基础上，对外主要围绕《联合国气候变化框架公约》适应气候变化相关议题进行分析，对内主要针对国内不同领域气候变化影响和适应策略开展研究，最后进行国内外比较研究并提出适应气候变化研究与工作的思考和建议。本书共包括 4 章：第 1 章是理论基础，分析了适应气候变化的基本属性和适应机理研究成果。第 2 章是国际谈判研究，主要分析了损失与危害议题的科学内涵、应对机制及谈判走向。第 3 章是国内策略研究，主要针对冰川融化、水资源、生物多样性、海平面上升、草原和城市化等六大领域进行气候变化影响和适应策略研究。第 4 章是思考与建议，主要研究了适应气候变化的现存障碍，分析了国际机制和政策对我国适应气候变化工作的启示。

本书可供气候、环境、政策等领域的科研和教学人员参考，也可供相关行业和地方的管理部门使用。

图书在版编目 (CIP) 数据

适应气候变化研究：国际谈判议题与国内行动策略／何霄嘉，张雪艳著. —北京：科学出版社，2020. 7
ISBN 978-7-03-065646-9

Ⅰ. ①适…　Ⅱ. ①何…　②张…　Ⅲ. ①气候变化–对策–研究–中国
Ⅳ. ①P467

中国版本图书馆 CIP 数据核字（2020）第 119452 号

责任编辑：王　倩／责任校对：樊雅琼

责任印制：吴兆东／封面设计：无极书装

科 学 出 版 社 出版
北京东黄城根北街 16 号
邮政编码：100717
http://www.sciencep.com
北京中石油彩色印刷有限责任公司 印刷
科学出版社发行　各地新华书店经销
*
2020 年 7 月第　一　版　开本：720×1000　1/16
2021 年 1 月第二次印刷　印张：8 1/4
字数：165 000
定价：108.00 元
（如有印装质量问题，我社负责调换）

目 录

| 第 1 章 | 适应气候变化理论基础

1.1 适应气候变化的基本属性

从全球范围来看，气候变化问题已成为当今人类社会面临的严峻挑战，它不仅影响到世界各国的国家安全，也关系到各国自身的发展空间。随着气候影响的不断凸显，发达国家开始日益重视适应气候变化工作（Biesbroek，2010）。我国是遭受气候变化不利影响最为严重的发展中国家之一，在气候变化的影响下，干旱、洪涝、高温热浪、台风等极端气候事件呈多发、并发趋势。如果不采取有效的应对措施，气候变化所造成的损失将进一步加大，并可能阻碍我国经济社会的进一步发展（国家发展和改革委员会，2013；《第二次气候变化国家评估报告》编写委员会，2011）。《中华人民共和国国民经济和社会发展第十二个五年规划纲要》明确提出要增强适应气候变化能力。中国共产党第十八次全国代表大会把生态文明建设放在突出地位，对适应气候变化工作提出了新的要求。中国共产党第十九次全国代表大会提出要引导应对气候变化国际合作，成为全球生态文明建设的重要参与者、贡献者、引领者。我国所处的发展阶段决定了适应气候变化对于我国来说是更现实而紧迫的任务。然而，我国的适应气候变化工作具有自身的特点，对其机理的认识和研究还在逐步深化过程中（He，2017a）。

1.1.1 适应气候变化的生存性

根据联合国政府间气候变化专门委员会（IPCC）报告和我国气候变化

评估报告，气候变暖及其趋势已是不争的事实。减缓的核心是能源问题和发展问题，而适应则更是生存问题和生计问题，与民生息息相关。我国是发展中国家，人口众多、气候条件复杂、生态环境整体脆弱，正处于工业化、信息化、城镇化和农业现代化快速发展的历史阶段，气候变化已对粮食安全、水安全、生态安全、能源安全、城镇运行安全以及人民生命财产安全构成严重威胁。为保障我国粮食安全、生态安全和人民生命财产安全，这就要求我们把适应气候变化工作摆在极端重要的地位（国家适应气候变化战略研究，2011）。到 21 世纪中叶即中华人民共和国成立 100 年时，我国经济社会发展目标是基本实现现代化，建成富强民主文明的社会主义国家。然而，实现这一目标还面临着人口三大高峰（人口总量高峰、就业人口总量高峰、老龄人口总量高峰）的相继来临、能源和资源的超常规利用、生态环境问题的严重性等重大挑战。所以，适应气候变化不仅关系到目前人民群众的生存和生计问题，更是关系到未来国家发展的民生性基础问题。

1.1.2 适应气候变化的复杂性

适应气候变化的目标更加复杂，相对于节能减排等减缓气候变化行动可聚焦于单位 GDP 能耗或温室气体减排量等较单一指标，适应气候变化涉及资源（水资源、土地资源等）、环境（水质、海水酸化等）、生产（粮食、木材等）、社会（人体健康、扶贫等）等众多目标，适应气候变化的实现需要多目标的协调。适应气候变化的过程涉及行为模式、生活方式、基础建设、法律规范、政策与制度等方面的调整，这些调整可以包括使制度和管理系统更具有弹性，以应对未来未知的变化，也可以根据已有的经验和预测未知的改变为基础，事先计划好适应战略。因而，适应气候变化的过程也是完善适应科学基础、加强适应技术研发和完善适应政策的复杂过程。此外，气候变化对环境、社会和经济的各方面产生影响，这意味着我们必须为已发生或即将发生的气候事件进行"未雨绸缪"调整，而当气候变化与人类活动双重叠加时，适应的对象变得更加复杂和不确定性。尤其是在我国广阔的疆域中，地理气候条件本身就复杂多样，气候变化及极端天气现象千差万别，每个地区所面临的适应问题也各有特点，需要采取的适应措施也各不相同，这更加大了适应气候变化问题的复杂性。

1.1.3　适应气候变化的两面性

气候变化不只产生不利影响，还会产生一些有利影响。针对影响的两面性，适应气候变化是指自然或人类系统对实际或预期的气候刺激或其影响做出调整，不仅要"避害"，还要"趋利"。以我国农业为例，气候变化的影响利弊并存，且弊大于利。气候变暖使热量资源普遍增加，有利于粮食增产。如东北、西北和青藏高原可耕地面积增加，冬小麦种植北界北移，以河北省为例，单产平均增加约25%。然而，气候变化使农业种植结构发生变化，使病虫害种类和世代增加，使华北、东北等农业主产区暖干化和南方地区洪涝加重，这将抵消因气候变暖产生的粮食增产量，甚至导致粮食减产。据估计，过去30年因气候变化我国小麦和玉米产量损失幅度在5%左右。到2050年，若不考虑二氧化碳的肥效作用，我国粮食总产最大可下降20%左右。面对气候变化影响"利弊并存"的局面，适应气候变化也存在两面性，适应气候变化工作要做到"趋利避害"，在避免和减少不利影响的同时，积极利用有利的气候要素变量。如高寒地区充分利用热量条件改善，适度北扩作物种植区；熟制过渡地区适当提高复种指数；熟制不变地区改用生育期更长的品种。

1.2　适应气候变化机理研究的回顾与展望

适应与减缓是应对气候变化的两个方面，两者同等重要，不可或缺。在发展中国家，适应气候变化尤为重要。但在实际中，相较于气候变化的减缓工作，适应工作的开展还不够，对适应气候变化的科学认识还不够。

为了科学选择和制定气候变化适应技术和措施，需要深入研究气候变化适应的科学机理；利用受体系统自适应能力或采取人为调控措施，通过优化系统结构和功能减少气候变化的脆弱性或改善局部生态环境，降低气候变化影响程度的机制和机理即为适应的科学机理。然而，由于气候变化影响的复杂性，适应机理研究一直是一个难点。在国际上，IPCC 发布了气候变化评估报告，其中第二工作组发布的《影响、脆弱性与适应》分报告是反映国际社会适应气候变化理论研究的典型代表之作（Parry et al.，2007；Field et al.，2014）。从历次报告的进程看，1990 年发布的《第一次评估报告》首先将适应作为与减缓并列的应对气候变化措施而提出。1996 发布的《第二次评估报告》将适应分为"自主适应"和"计划适应"两类，此时适应决策的理论基础主要是基于系统"自适应性"的科学认知。《第三次评估报告》进一步将适应的系统分为人类系统和自然系统，人类系统又分为公共部门和私营部门，将适应措施分为"响应性"和"预见性"，适应决策的理论基础为"关注的理由"，包括关注独特的和受到威胁的系统，关注全球总体影响、影响的分布，以及关注极端天气事件和大范围的异常事件。《第四次评估报告》赋予了适应更多的内涵，包括与减缓的协同、发展道路的选择等，适应决策的理论基础为关键脆弱性。在《第五次评估报告》中，适应决策的理论基础转变为"风险"，尤其强调"关键风险"和"紧迫风险"，而适应的方式也分为减少脆弱性与暴露程度、渐进适应、转型适应与整体转型，对适应的科学认识逐渐深入。

1.2.1 适应气候变化科学机理研究进展回顾

首先，适应气候变化的决策科学基础取得了进展。进行适应气候变化的决策，首先需要认识变化了的气候条件作为外在强迫因子对受体的冲击有多大。我国学者对气候变化的影响评估最开始主要集中在农业、水资源、海岸带、森林及其他自然生态系统，重大工程，人体健康和环境上（《气候变化国家评估报告》编写委员会，2007），其后的影响评估扩展至陆地水文水资源、生物多样性、冰冻圈、近海、能源、工业、交通、人居等领域/部门（《第二次气候变化国家评估报告》编写委员会，2011；《第三次气候变化国家评估报告》编写委员会，2015）。第一次《气候变化国家评估报告》就对气候变化的脆弱性进行了评估，《第二次气候变化国家评估报告》强调要加强气候变化影响的风险评估研究，《第三次气候变化国家评估报告》则将风险评估作为一个重要的内容。这些评估为中国的适应决策提供了强有力的科学基础支撑。此外，我国学者对适应的决策体系框架进行了很多研究，由传统的根据气候变化分析及影响评估做出适应决策，转变为基于脆弱性和风险评估进行决策（夏军等，2015；习彭鹏等，2015）。

其次，适应行动的评估为适应措施进行计划、组织、实施、管理提供了指导。目前，成本-效益分析是国际上比较成熟和被认可的评估方法。以农业适应行动措施的效果评估为例，黄焕平等（2013）使用成本-效益分析方法和IPCC推荐的温室气体估算方法（Parry et al.，2007），评估比较了人工插秧、机械插秧和直播的水稻在麦稻轮作复种"水稻晚收，小麦晚播"（简称"两晚"）模式下的社会、经济和生态效益，通过评估得出水稻人工插秧与麦稻"两晚"相配合的种植模式是适应气候变化的较优选择这一结论。

再次，"边缘适应""转型适应"等新概念的提出，加速了适应理论的创新。适应气候变化可以分为自主适应与规划适应、主动适应与被动适应、渐进适应与转型适应等。《适应气候变化国家战略研究》和《国家适应气候变化科技发展战略研究》报告的发布，是我国主动适应、规划适应的一个重要标志（科学技术部社会发展科技司和中国21世纪议程管理中心，2011，2017）。许吟隆等（2014）选取中国农业典型适应案例，进行了渐进适应与转型适应的分析，并指出随着气候变化的不断加剧，转型适应将越来越多地应用于适应决策与适应实践，应对"转型适应"进行更多的研究。我国学者还提出了边缘适应的概念（许吟隆等，2013）。应用系统学的方法进行科学机理探索是一个尝试，以"边缘适应"作为适应科学机理研究的切入点，有望取得适应气候变化理论的创新性突破（何霄嘉和许吟隆，

2016）。此外，适应气候变化、减少脆弱性和暴露度、增强恢复力以及进行风险转移等，都是适应机理的不同方面，对于指导实际的适应实践有着重要意义，如建设"韧性（海绵）"城市，就是通过增强恢复力来适应气候变化的典型案例（中国 21 世纪议程管理中心，2017）。

最后，适应气候变化的行动与实践支撑着适应理论创新。中国有着世界上最丰富的适应实践。王建国（2012）系统总结了中国农业适应气候变化的技术措施，以及在河北省、江苏省、安徽省、山东省、河南省和宁夏回族自治区开展的农业综合开发适应实践，进行了适应措施的成本–效益分析；许吟隆等（2013）总结了草地畜牧业、生物多样性保护、自然保护区、人体健康等方面的适应技术，并进行了适应效果分析，以及适应技术的集成与适应技术途径研究。全球气候变化研究近年来呈现一种趋势，从侧重于关注全球气候变化的自然因素向强调自然与人文因素的综合作用研究发展，对气候变化脆弱性的关注也从自然生态系统转向人–环境与社会生态耦合系统，并提出了相应的研究框架。其中，可持续生计框架和"暴露–敏感性–适应能力"框架，对于认识区域气候变化脆弱性具有较好的借鉴意义（喻踏等，2011）。

1.2.2 适应气候变化的理论需求

IPCC《第五次评估报告》总结了过去几年在适应工作中的理论进展，认为存在以下明显创新（Field et al.，2014）：一是提出了适应气候变化以减少脆弱性和暴露度及增加气候恢复能力的有效适应原则；二是提出了适应极限的概念，明确了其在适应气候变化中的意义；三是适应气候变化的研究视角从自然生态脆弱性转向更广泛的社会经济脆弱性及人类的响应能力；四是提出了保障社会可持续发展的气候恢复能力路径，注重适应和减缓的协同作用和综合效应，指出转型适应是应对气候变化影响、突破适应极限的必要选择（段居琦等，2014）。

与国际研究相同的是，我国在适应的需求和决策领域，越来越多地研究关注那些威胁人类生计和生命财产安全的极端灾害事件。在适应理论研究方面也在不断加强与可持续发展理论的结合。如何使适应气候变化与可持续发展协同起来是当前面临的新任务。适应决策框架和指南还处于起步阶段，虽已有一些有价值的探索研究（彭斯震等，2015），但是还有很多相关研究工作有待开展。在适应的规划和执行领域，则偏重减小气候变化影响的基础防御设施建设，优化适应策略和方法以更好地利用适应气候变化的资源，将适应措施整合到社会发展中以实现共赢。此外，适应途径的选择，还要考虑收益、成本、协同、权衡取舍和限制因素等（段居琦等，2014）。中国科学界围绕适应对象、适应主体、适应方法开展了多方面的研究，对不同的适应措施进行了科学阐述和说明（崔胜辉等，2011），提出了主动利用适用性策略和自下而上的途径是适应性研究的重要方向。大量研究表明，单一的手段和知识领域难以达到适应的预期效果，多维知识和学科领域的联合是增强适应能力的重要途径（方一平等，2009）。虽然适应决策的科学基础研究有了一定的进展，但是中国尚未建立完善的气候变化适应决策体系，大部分研究只是提供了比较通用的适应行动实施模式（居辉等，2014）。因此，完善适应决策体系，是适应气候变化、减轻气候变化对自然生态系统和社会经济系统不利影响的必由之路（中国 21 世纪议程管理中心，2017）。

1.2.3　适应气候变化的科学理论发展展望

（1）以方法学创新引领理论创新

未来适应气候变化理论研究应该加强方法学创新，特别是强调客观认识气候变化影响及其风险，加强对减少相关领域暴露度和脆弱性及增加气候恢复能力的机制和方法研究，切实推动适应气候变化、保障自然和社会经济系统可持续发展（段居琦等，2014；孙成永等，2013）。目前中国学者提出的"边缘适应"概念是适应方法学创新的一个尝试，在此概念基础上，在生态边缘过渡区域开展适应的技术示范，深入挖掘"草根适应"技术并梳理成技术体系，然后进行全新的适应技术创新，以支撑适应理论的创新，这是一个可行的适应科技创新途径（中国 21 世纪议程管理中心，2017）。

（2）以试验资料和适应实践积累支撑理论创新

纵观世界科学发展史，原始资料的积累是实现理论创新的前提与必要条件。中国已经积累了大量的自主适应经验，具有丰富的"草根适应"技术和实践案例，对这些"草根适应"技术和经验的挖掘，可为我国的理论创新提供很多有益的资料与启示；同时，还可以根据气候变化带来的典型适应问题，有针对性地开展适应机理试验，通过机理试验实现适应理论的突破（中国 21 世纪议程管理中心，2017）。此外，还要推动已有适应研究科技成果的转化，并提炼适应实践的理论基础。

（3）边缘交叉、综合集成创新

集成创新确立的竞争优势和科技创新能力的意义远远超过单项技术的突破（潘韬等，2012）。适应气候变化技术的集成创新至少需要从技术整合、协调机制及资金机制三个方面来实现。一是不同领域或区域以自身的能力与资源为基础，寻找具有互补资源和能力的领域与区域，实现适应技术的集成创新，如农业领域与水资源领域的适应技术整合。二是建立起科学的适应气候变化主体的组织机制。这种组织机制需要紧密结合不同级别的政府部门、科研机构、企业和生产部门以及普通人群。三是需要在国家财政投入之外，鼓励和引导金融机构和企业单位投资气候变化适应行动，同时充分利用国际适应资金，全面提高我国适应气候变化的能力（中国 21 世纪议程管理中心，2017；潘韬等，2012）。

（4）集中优势资源，实现理论研究的重点突破

适应气候变化涉及我国社会经济生活的多方面，其研究对象错综复杂，研究议题纷繁多样。要针对国家重大需求，立足适应气候变化学科长远发展，遴选适应研究的重大科学问题，集中优势资源进行理论创新，力求在重点关键科学问题、重大关键技术上实现重点突破，以点带面，推动适应学科的发展。要加强适应科技的支撑和先导引领作用，构建一个对气候变化的冲击具有强恢复力的社会经济系统。例如，国际上目前提出了"整体转型"的概

念，这就要求在适应的同时考虑与减缓的结合，需要寻找考虑不同时间和空间的最佳适应路径，这可能是适应理论研究的突破点之一（中国 21 世纪议程管理中心，2017）。

（5）增强顶层设计，实现适应科技路径创新。适应气候变化机理研究是适应科技的组成部分，适应科技的路径探索是适应机理的重要研究内容。对中国适应气候变化科技发展的实现路径的探讨，包括发展的整体思路、原则导向与目标设计。增强社会经济系统的适应能力、维持和提升生态环境健康水平、减轻当前生态和社会系统的脆弱性、降低未来的潜在风险、选择具有持续恢复力和韧性的经济发展途径，是适应气候变化的核心。其中，如何做好适应的规划与顶层设计、做出正确的适应展现抉择、甄别适应的优先事项与优先区域、选择双赢无悔的适应措施、对适应过程进行量化监测与评估，是适应路径首先要回答的问题；适应能力提升与整体优化是贯穿整个适应过程的关键。

综上所述，通过对 IPCC 发布的五次气候变化评估报告的回顾，可以看出国际上适应气候变化科学理论研究工作的进展和趋势，即适应决策的理论基础经历了由气候变化的"影响"到"关键脆弱性"，再到"风险"的转变，近期的研究工作尤其强调"关键脆弱性"和"紧迫风险"，由此对适应气候变化的风险管理方式、需求与抉择、规划与实施、机遇与挑战，以及适应与发展路径、减缓和可持续发展等开展深入研究。整体上，国内目前对转型适应的研究以及适应决策的风险评估研究不足，适应的示范基地建设与机理研究不够，适应技术体系尚未完善。要实现适应理论上的突破，首先需要方法学上的突破，同时要加强适应试验基地建设，促进适应机理研究的创新。同时，还要充分发挥温室气体减排增汇与气候变化适应的协同作用。强调适应与减缓并举、减排与增汇并重，是提升全球变化与可持续发展关系研究整体性与综合性的当务之急，直接关系到发展中国家的切身利益和发展空间。

第 2 章 | 适应气候变化国际谈判议题研究

2.1 《公约》适应气候变化谈判进展及需求分析

诸多研究证实气候变化已经对自然生态系统和经济社会发展产生了全方位的严重影响，预计这种严峻冲击将持续相当长的时间，甚至带来突然的和不可逆转的严重后果（IPCC，2007）。适应气候变化是发展中国家一项现实、紧迫的任务，在《联合国气候变化框架公约》（以下简称《公约》）下如何促进适应气候变化行动、提高发展中国家适应气候变化的能力和最大限度地降低气候变化的不利影响，是广大发展中国家一直关注的重要问题。但在过去20多年的气候变化谈判中，减少温室气体排放一直是谈判的重点，适应气候变化谈判作为重要谈判内容始于《公约》第13次缔约方大会（COP13）通过的《巴厘行动计划》（Bali Action Plan），首次明确了将气候变化减缓和适应并重（UNFCCC，2007a）。COP16～COP19在适应气候变化机制建立、《公约》内外适应气候变化的协调性方面取得了较大进展，但如何有效地利用这些机制，消除发展中国家在适应气候变化方而存在的障碍，切实推动适应行动的实施，将是未来适应气候变化谈判的重点。本节重点阐述2010～2013年《公约》下有关促进适应行动的谈判进展、发展中国家在适应气候变化方而存在的障碍及在《公约》下适应气候变化的进一步需求，提出未来适应气候变化谈判的重点及支撑谈判应开展的科学研究（李玉娥等，2014）。

2.1.1 《公约》下适应气候变化政策发展历程

《公约》把通过预防措施预测、防止或减少引起气候变化的原因并缓解其不利影响作为五条指导原则之一，要求缔约方制定和实施减缓与适应气候变化的计划，开展合作共同适应气候变化影响，同时要求发达国家缔约方为发展中国家缔约方适应气候变化提供资金援助。《公约》生效后的历次缔约方会议都涉及气候变化适应议题（图 2-1）（孙傅和何霄嘉，2014）。

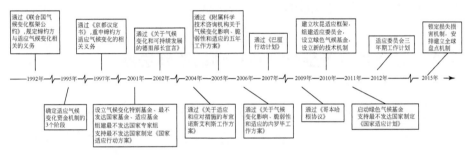

图 2-1 《公约》下气候变化适应政策的发展历程

2000 年以前气候变化谈判主要关注气候变化减缓问题，与适应相关的内容集中在资金机制以及技术开发和转让机制方面。2000 年以后，随着人们对气候变化影响和脆弱性认识的不断深入，谈判内容涉及越来越多具体的适应计划和行动。2001 年 COP7 是气候变化适应谈判的一个里程碑，会议决定在全球环境基金等资金支持下开展一系列气候变化适应行动，包括提供与适应相关的技术培训，开展脆弱性和适应评估的扶持性活动，将适应纳入国家政策和可持续发展规划等。同时，通过设立气候变化特别基金、适应基金、最不发达国家基金等资金机制支持发展中国家和最不发达国家的适应行动。2004～2007 年的缔约方会议先后通过《关于适应和应对措施的布宜诺斯艾利斯工作方案》等一系列工作方案和计划（图 2-1），逐步加强国际适应行动。2009 年 COP15 通过了《哥本哈根协议》，发达国家集体承诺在 2010～2012 年提供接近 300 亿美元的新的和额外的资源，并且这一资源将在适应和减缓之间均衡分配。2010 年的 COP17 是气候变化适应谈判的又一里程碑，会议决定建立坎昆适应框架和适应委员会以加强国际气候变化适应行动，设立绿色气候基金为适应行动提供资金，并且设立新的技术机制促进技术开发和转让。对于最不发达国家，此次会议决定建立一套流程促使其在编制和执行《国家适应行动方案》的基础上拟订和实施《国家适应计划》，以满足其中长期适应需求。2011 年和 2012 年缔约方会议落实了此次会议的相关成果，确立了适应委员会的工作机制，通过了适应委员会三年期工作计划，启动了绿色气候基金，并确立了最不发达国家制定《国家适应计划》的工作机制等。

2.1.2 《公约》下促进适应行动的谈判进展

促进适应气候变化是《巴厘行动计划》的四大要素之一。自 2007 年《巴厘行动计划》制定以来，经过几年的艰苦谈判，在推动适应气候变化方面取得了较明显的进展，COP16（墨西哥坎昆）决定建立以适应委员会、国家适应计划进程、损失与危害工作计划、国家机制安排和区域适应中心为主要内容的《坎昆适应框架》，设立了绿色气候基金；《公约》的缔约方要求绿色气候基金均衡用于适应和减缓气候变化（UNFCCC，2010；2011a）。COP17 和 COP18 上，分别明确了《公约》下现有的最不发达国家基金和气候变化特别基金分别支持最不发达国家和其他发展中国家的国家适应计划进程等。COP19 建立了华沙损失与危害国际机制，并在国际机制下设立执行委员会。主要进展如图 2-2 所示。

（1）建立了相关机制和进程，要求发达国家长期支持发展中国家适应气候变化

COP16 建立了《坎昆适应框架》，其中包括：①在《公约》下建立了针对促进发展中国家适应气候变化的专门机构——适应委员会，并确定了适应委员会的职能，同时确定了适应委员会组成、运作模式和程序。适应委员会将在缔约方会议的授权下运作，每年向缔约方大会报告开展的活动和实施情

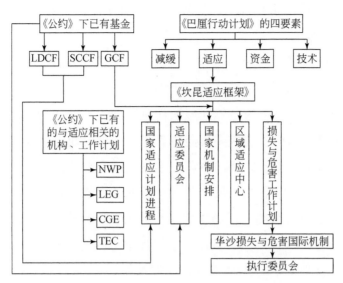

图 2-2　《公约》下适应气候变化谈判进展

LDCF—最不发达国家基金；SCCF—气候变化特别基金；GCF—绿色气候基金；NWP—内罗毕气候变化的影响、脆弱性和适应工作计划；LEG—最不发达国家专家组；CGE—非附件一缔约方国家信息通报咨询专家组；TEC—技术执行委员会

况，提出《公约》下需要进一步开展的适应行动并由缔约方会议审议，定期汇总采取的适应行动、良好适应措施、经验教训、存在的差距与需求、提供的支持等报告供缔约方会议审议。通过了适应委员会的 3 年期（2013～2015年）工作计划（UNFCCC，2012b）。②建立了帮助最不发达国家制定和实施国家适应计划的进程。通过了制定国家适应计划的初步指南，决定通过最不发达国家基金支持最不发达国家编制国家适应计划，通过气候变化特别基金支持其他发展中国家编制国家适应计划。③制定了考虑应对气候变化损失和危害方法的工作计划，启动了解决气候变化和极端气候事件造成的危害和损失方法的讨论（UNFCCC，2010）。COP19 建立了华沙应对气候变化造成的损失与危害国际机制（以下简称华沙损失与危害国际机制），授权建立执行委员会，确定了华沙损失与危害国际机制的职能。④明确要求发达国家提供大规模的、长期的、新的和额外的官方发展援助资金以及技术和能力建设支持，帮助发展中国家开展适应气候变化的相关行动（UNFCCC，2011b，2012c），

邀请发达国家进一步向最不发达国家基金和气候变化特别基金捐资（UNFCCC，2012a）。

（2）适应委员会和华沙损失与危害国际机制的建立强化了适应气候变化工作的协调性

在COP16之前，《公约》下开展的促进适应气候变化行动主要是短期的和分散的，缺乏协调性。适应委员会的职责包括提出如何加强《公约》下相关机构、各项规划和活动之间的协调性建议，适应委员会与《公约》下的其他相关机构交换信息，包括给资金机制运行实体提供建议，要求适应委员会通过缔约方大会与《公约》下的相关工作计划和机构建立联系，同时要求适应委员会与《公约》外的相关机构、组织和中心等建立联系。在适应委员会的3年期工作计划中提出了22项活动，涉及与《公约》内外适应行动的合作等。华沙损失与危害国际机制的职能包括了解和熟悉综合风险管理方法、加强利益相关方之间的对话、协调和协同机制以及强化相关行动和支持性。由此可见，适应委员会和华沙损失与危害国际机制的建立加强了《公约》内外适应气候变化行动的协调与整合。

（3）增强了适应资金的可预测性

在COP15上发达国家集体承诺，2010～2012年通过国际机构提供金额接近300亿美元的新的和额外的资金，均衡分配支持适应与减缓气候变化，适应资金将优先提供给最脆弱的发展中国家，如最不发达国家、小岛屿发展中国家和非洲国家。发达国家承诺到2020年共同调动达到1000亿美元/年的目标，以解决发展中国家的需要。COP16要求发达国家缔约方按照相关规定，为发展中国家缔约方提供长期的、逐步增加的、可预测的、新的和额外的资金、技术和能力建设；在地方、国家和区域层面，不同经济社会部门和生态系统开展迫切需要的短期、中期和长期适应行动、计划、方案和项目；决定在《公约》下设立绿色气候基金，成立绿色气候基金理事会；决定新的多边适应资金的很大部分应当通过绿色气候基金提供。COP决定在2012年启动长期资金的工作计划，其目的是增加2012年后的气候变化资金的规模，通过了启动绿色气候基金的决定，在绿色气候基金下设置了适应供资窗口；基金将用以支付有关活动的全额和增量成本，以扶持和资助发展中国家加强适应行动。在 COP16 至 COP18 的相关决定中都重申要同等对待适应与减缓气候变化，均衡分配资金支持适应与减缓气候变化行动。

2.1.3 实施《公约》下适应相关决定存在的障碍评估

（1）发达国家提供的适应资金数量少，将严重影响适应行动的实施

虽然在相关决定中一再重申均衡分配资金支持适应与减缓气候变化（UNFCCC，2010，2011a），但 2012～2020 年发达国家联合筹集的资金数量和分配比例尚未确定，与《公约》初步估算的发展中国家适应气候变化的资金需求在 2030 年达到 280 亿～670 亿美元相比，2012～2020 年适应资金的缺口很大。另外，虽然明确了最不发达国家和其他发展中国家编制中长期国家适应计划的资金申请渠道，但发达国家向这两项基金注资数量极为有限，2013年 6 月第 14 届最不发达国家基金和气候变化特别基金理事会上，比利时、德国、挪威、瑞士和美国向这两项基金新增捐资 1.116 亿和 6920 万美元，这些资金远远不能满足发展中国家编制国家适应计划的资金需求。虽然就支持适应气候变化已经作出机制上的安排，形成了相关决定，但发展中国家仍未获得来自发达国家足够的适应资金和技术支持。

（2）技术研发、应用与转让方面存在障碍

为了《公约》的全面实施，COP16 建立了减缓和适应气候变化的技术机制以促进技术的开发和转让。技术机制包括技术执行委员会、气候变化技术中心和网络两部分，明确了《公约》下优先考虑的领域，包括提高发展中国家自身的技术研发和示范能力，为实施适应和减缓行动部署软技术和硬技术，强化国家创新体系和技术创新中心，制定和实施减缓及适应国家技术计划。明确了技术执行委员会、气候变化技术中心和网络的职能，但从这两个机构的职能分析，对帮助发展中国家的技术研发和向发展中国家转让适应气候变化技术的作用甚微。发达国家以技术为企业所有、政府无权强制企业将技术转让给发展中国家为由坚决反对技术转让。

在发展中国家向联合国提交的适应技术需求分析和技术行动计划报告中，许多国家都从资金、政策法规、能力与信息、机构、技术和社会等方面评估了农业、水资源、海岸带等领域在适应气候变化方面存在的障碍（Kardono et al., 2012；Van et al., 2012），这些障碍构成了发展中国家在适应技术的研发与推广方面普遍存在的问题。

（3）发展中国家适应能力欠缺

人类系统适应和应对气候变化的能力取决于许多因素，如资产、信息与技术、基础设施、教育、技能、占有资源的程度及管理能力。发展中国家，尤其是最不发达国家在这方面的能力通常较弱。《公约》秘书处对《公约》和《京都议定书》下能力建设活动的综合报告表明，在能力建设扶持性环境、国家信息通报和国家应对气候变化方案制定、应对气候变化数据收集与管理、脆弱性和适应评估、系统观测、技术开发与转让、应对气候变化决策、教育、培训和宣传等众多适应行动方面，广大发展中国家仍存在巨大的差距，最不发达国家不可能依靠自己的资源有效地实施适应活动。但《公约》谈判中，发展中国家提出的在《公约》下建立能力建设机制的建议因遭到发达国家的强烈反对而没有任何进展。虽然在适应委员会下对能力建设作出了一些安排，但如何进一步加强和落实这些安排和行动，切实提高发展中国家适应能力，还任重道远。

2.1.4 "2015气候协议"中各方相关需求与立场

（1）各方在适应气候变化方面的基本共识

2013年德班促进平台特设工作组进入实质性谈判，适应气候变化是谈判的重要内容之一。各方就适应相关的问题交换了意见并在某些方面存在一些共识，如适应气候变化应是"2015气候协议"中的重要组成部分、均衡对待减缓和适应气候变化问题、将适应气候变化纳入国家发展计划中等。关于适应与减缓的关系问题，各方立场也基本一致，认为大幅度的减缓行动意味着生态系统和经济社会更有可能适应气候变化、降低适应成本，否则气候变化的不利影响和适应成本必将增加。这些共识对继续在《公约》下推动与适应气候变化相关的行动、帮助发展中国家制定适应气候变化行动计划，以及增加对适应气候变化的资金支持有重要的作用。

（2）发展中国家在适应气候变化方面的需求

针对推动适应气候变化存在的障碍，发展中国家表达了对适应气候变化的特别关切，提出了一系列的需求和建议。关于适应资金，认为适应资金远远不能满足发展中国家适应气候变化的需求，发达国家应增加融资，提供新的、额外的和可预测的资金，以帮助发展中国家实施长期适应气候变化计划。同时，要求简化资金申请和批准的程序，确定适应行动的具体融资渠道等。关于适应技术，提出需要全面解决知识产权问题以及技术转移和开发的壁垒问题，促进适应气候变化技术的转让。关于适应进展评估，提出建立适应气候变化的评审机制，要对适应行动进行监控和评估以及对支持的适应行动进行报告和评审，开发评估工具，以在全球和国家层面判断是否在降低脆弱性和增强适应性方面取得进展。另外，非洲集团和小岛屿国家联盟也提出了加强适应气候变化的建议。非洲集团要求设定一个全球适应目标，将全球温度目标与适应目标直接挂钩，制定不同温升情景下的适应措施，评估不同温升情景下的影响成本及适应成本。小岛屿国家联盟要求根据污染者付费原则，通过国际机制对气候变化造成的损失与危害予以赔偿。针对非洲集团和小岛屿国家联盟的要求，一些排放量相对较高、经济较发达的发展中国家表示全球适应目标、应对气候变化造成的损失与危害等应与发达国家温室气体排放的历史责任挂钩。发展中国家是气候变化的受害者，适应气候变化是发展中国家的额外负担，"2015 气候协议"的制定应遵循《公约》"共同但有区别的责任"原则，不能为发展中国家带来额外的资金义务。

（3）发达国家在适应气候变化方面的立场

发达国家为了避免在适应气候变化方面的出资义务，提出"2015 气候协议"应该建立在《公约》下与适应相关的现有机制上，特别是利用《坎昆适应框架》下的适应委员会，国家适应计划进程以及绿色气候基金下的适应窗口，促进《公约》内外的合作与协同作用。由于发达国家强调利用现有机制推进适应气候变化，但现有机制下适应气候变化的出资义务均为发达国家自愿捐助，没有明确的出资数量，因此可能造成用于支持发展中国家适应气候变化的资金难以落实。发达国家提出适应气候变化是各国保证其可持续发展和消除贫困必须开展的工作，应将适应纳入国家和行业发展规划之中，适应气候变化是各国自己的责任。同时，发达国家推动构建一个工作平台，分享与适应工作相关的经验和最佳实践做法以及各国目前开展的适应工作，试图将"2015 气候协议"有关适应的重点放在信息分享和知识传播方面。加拿大、日本、新西兰、挪威和美国等发达国家提出不同地区有各自的适应需求并采取不同的适应行动，其他非气候因素在很大程度上影响适应成本的预测，反对制定一个全球适应目标（Canada et al., 2013）。

（4）中国在适应气候变化问题上的立场及可能发挥的作用

气候变化对中国农业、水资源、沿海生态系统、林业和其他自然生态系统及人体健康等方面已经造成了不同程度的不利影响，预计在未来气候变化情景下，这种不利影响将继续发生，中国强调适应气候变化与减缓气候变化同等重要，并于 2013 年发布了《国家适应气候变化战略》，提出了重点领域适应气候变化的任务和区域布局。在《公约》下，中国应坚持气候变化是由发达国家在其工业化进程中毫无节制地排放大量温室气体造成的，气候变化已经并继续对发展中国家造成额外经济负担，帮助发展中国家适应气候变化是由发达国家在《公约》下承诺的义务。但考虑到中国也是一个温室气体排放大国，近年来温室气体排放迅速增加，人均温室气体排放量超过全球平均水平，在努力降低温室气体排放强度的同时，在《公约》机制外也应促进南南合作，将中国适应气候变化战略编制的经验、适应气候变化的技术和好的做法介绍到其他发展中国家，从技术、信息和能力建设等方面支持其他发展中国家适应气候变化，提高发展中国家适应气候变化的整体水平。

综上所述，《巴厘行动计划》以来，《公约》下适应气候变化方面的谈判取得了较明显的进展，并建立了相关机制和进程，也强化了《公约》内外适应气候变化工作的协调性，增加了适应资金的数量和可预测性。尽管在适应气候变化方面的谈判取得了进展，但发展中国家在实施适应气候变化行动方面仍存在资金缺口大、国家适应能力低下，以及在技术研发、推广和使用方面存在知识产权、经济社会、政策法规、机构、信息等限制因素，造成难以利用现有的机制有效地开展适应气候变化的行动，提高适应气候变化的能力。资金、技术转让和能力建设支持仍是适应气候变化谈判的重点和难点。针对非洲集团和小岛屿国家联盟提出的应对气候变化造成的损失与危害的补偿、制定不同温升情景下的适应目标等，应尽快开发评估方法和工具，探讨气候自然变率和人类活动导致的气候变化影响的相对贡献率、不同情景的影响和适应成本，探讨非洲集团和小岛屿国家联盟的提议对其他发展中国家的影响并提出相应的谈判策略。建议中国在减缓温室气体排放的同时在《公约》外加强适应气候变化的南南合作，提高发展中国家适应气候变化的整体水平。

2.2　气候变化损失与危害议题科学内涵

近年来，由于国际减缓与适应气候变化的行动迟缓，气候变化的不利影响将可能更加严重（李玉娥等，2010）。在国际学术界，关于气候变化损失与危害问题及应对机制的讨论逐步升温（马欣等，2013）。2012 年 IPCC 发布了《管理极端事件和灾害风险推进气候变化适应》特别报告，明确提出极端气候事件的危害可能威胁到人类的发展成果（IPCC，2012）。气候变化的损失与危害已成为《公约》谈判的热点，在 2012 年多哈召开的《公约》COP18上，气候变化的损失与危害问题的谈判一度进入白热化，成为影响大会能否成功的重要议题（UNFCCC，2012e；马欣等，2013）。

2.2.1　气候变化损失与危害的内涵

（1）定义与内涵

学术界尚未对气候变化的损失与危害形成统一的定义，但基本认同是由人类通过减缓或适应未能避免的气候变化的不利影响（马欣等，2012）（图 2-3）。有以下三方面的含义：

1）理论上，减排温室气体可以减轻或消除气候变化导致的不利影响，但当前全球减排承诺和行动不能完全避免气候变化的不利影响（Ranger et al.，2011）。

2）当前全球适应气候变化的科学基础、决策信息、资金与技术很不充分，气候变化不利影响超过适应的作用范围，存在"残余的损失与危害"（Coumou et al.，2012）。

3）即使在信息完全和资源充分的理想状态下，由于适应活动须遵守成本-效益原则，部分气候变化不利影响因适应行动的成本高收益低而归入"残余的损失与危害"。

（2）与相关概念的关系辨析

1）损失与危害和气候变化影响。气候变化影响包括不利影响和有利影响，而损失与危害是不利影响中无法应对的部分。显然，影响和损失与危害之间是包含关系。

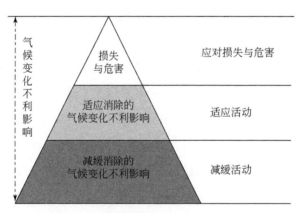

图2-3　气候变化损失与危害概念模型

2）损失与危害和气候变化脆弱性。气候变化脆弱性表示气候变化导致损失与危害的程度，取决于系统对气候变化的暴露程度、敏感性和适应能力，由外部因素和内部特征共同决定。在气候变化相同的暴露程度下，系统的敏感性越高，适应能力越低，则损失与危害越大，反之亦然。

3）损失与危害和气候变化风险。风险是气候变化导致损失与危害的可能性，而损失与危害是气候变化风险发生的后果。损失与危害严重程度受风险因子——易损性、暴露量和可能性的制约（马欣等，2014）。

2.2.2　气候变化损失与危害的应对机制

（1）国际多边政治应对损失与危害机制

2008年，小岛国联盟（AOSIS）提出国际上最知名的应对损失与危害的多窗口机制（multi-window mechanism），主要由保险、恢复与赔偿、风险管理三部分组成：①保险部分支持小岛国联盟、最不发达国家和其他特别脆弱的发展中国家，通过创新性的保险工具，帮助管理、传播、对冲、减少和转移与气候变化相关的灾害经济风险。②恢复与赔偿部分用于应对渐变事件的不利影响，比如海平面上升、温升、海洋酸化。由发达国家出资建立"国际保险基金"补偿小岛国联盟、最不发达国家和其他特别脆弱的发展中国家因渐变事件造成的损失与危害。③风险管理部分通过发展风险评估和风险管理工具，加强减少风险措施的实施，增加技术和资金支持来减少与气候变化极端事件和渐变事件相关的风险。应对损失与危害的多窗口机制由发达国家根据国民生产总值（GNP）和温室气体的排放量提供资金支持（AOSIS Submission，2010）。

（2）基于市场的损失与危害应对机制

2009年，慕尼黑保险公司提出应对损失与危害的机制建议——慕尼黑气候保险计划（Munich Climate Insurance Initiative），主要包括预防和保险两部分（图2-4）。预防部分提供符合成本–效益原则的预防性活动，用来减少较低的气候变化风险。比如频发的暴雨或轻度干旱。保险部分则包括无法采用符合成本–效益原则的行动来应对的中等或很高气候变化风险。保险部分分为两条主线：对中等频度和低影响程度的气候风险，气候保险援助机制通过公共或私人保险，以及其他社会保障体系支持脆弱的地区。比如，对农业的宏观保险、国家的风险基金。对低频度高影响程度的气候风险，提供金融安全网来应对。慕尼黑气候保险计划提议建立气候保险基金（Climate Pool），预定好高风险的范围，特别是将最脆弱的国家定义为不需要付出成本的受益国。气候保险基金通过在全球再保险市场进行再保险来应对极端损失。实施慕尼黑气候保险计划预计需要每年投入约 100 亿美元购买保险服务①②。

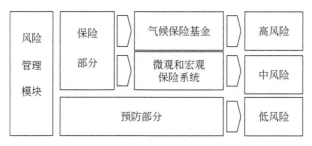

图 2-4　慕尼黑气候保险计划

（3）基于国际法律的损失与危害应对机制

通过国际诉讼（international litigation）向气候变化的责任方提出赔偿（reparation）要求是遭受气候变化损失与危害国家一种潜在的应对机制，近年来日益受到各国和学术界的关注。应对损失与危害国际法律机制的原理基础是国际惯例法的重要通行原则——"无害原则"，即保证一国的管辖权和控制下的行为不会对国家管理范围之外的其他国家的环境造成危害，不法行为发生国有义务赔偿（Foundation for International Environmental Law and Development，2012）。联合国国际法委员会起草的《国家对不法行动的责任》认为赔偿是恢复原状（restitution）、补偿（compensation）和妥善偿付（satisfaction）中的一项或组合。补偿针对任何经济可衡量的损害，而妥善偿付可能涉及承认不法行动或道歉，还明确了对不法行为负有责任的国家有义务做出全部赔偿。如不法行为仍在继续，负有责任的国家也有义务阻止不法行为，并保证不会再犯（United Nations，2001）。另外，与气候变化损失与危害相关的国际诉讼是很复杂的，不是简单地由"受害国"向主要温室气体排

① Munich Climate Insurance Initiative 2008. Summary of Discussions Related to Insurance Mechanisms at the 2008 Climate Negotiations（COP 14）in Poznan.

② Munich Climate Insurance Initiative 2009. Frequently Asked Questions about an International Insurance Mechanism for ClimateAdaptation：Responses to Party Questions Posed to MCII at Poznan COP14.

放国索赔。至少还面临几项困难：一是不是所有国家都接受国际法院的强制管辖权，即使接受的国家也都有各种保留，诉讼的发起和判决的执行面临考验；二是跨越国家的司法管辖权，对另外一个国家的企业或政府提起诉讼的风险也较高。但无论气候变化诉讼的成败结果如何，都将改变我们对气候变化及其责任的认识（Burkett，2009）。目前，国际法关于气候变化赔偿的理论与实践正在快速的发展过程中，气候变化正在影响利益相关方对国际法赔偿的认识，遭受损失与危害的国家将可能通过自身的努力塑造气候变化损失与危害的国际法赔偿法则。

2.3　气候变化损失与危害问题的走向

应对气候变化相关的损失与危害问题是国际学术界和国际气候治理谈判中日益突出的热点。作为与减缓、适应并列的应对气候变化措施，损失与危害的研究才刚刚开始。从学科发展的角度，气候变化损失与危害研究的发展潜力十分宽广。

2.3.1　损失与危害的学术研究方向

1）科学问题。由于《公约》下气候变化的定义是狭义的，特指工业革命以来由于直接或间接人类活动排放温室气体改变地球的大气组成导致的气候变化，不包含气候的自然变率。现有科学认识无法准确地区分气候自然变率和人类活动导致气候变化在损失与危害中的贡献。

2）评估方法。与气候变化相关的损失与危害的空间范围巨大，涉及的类型和种类多样，几乎全球所有国家都面临与气候变化相关的损失与危害，广义上包括人员伤亡、经济损失、生态破坏、环境污染、文化和社会传统损失等。另外，损失与危害的定义与识别存有争议，特别是一部分损失与危害是难以用货币度量，建立基于共识的科学评估方法，获得全球和各国准确的损失与危害数据具有相当的难度。

3）适应阈值。基于适应资源的有限性和适应成本-效益原则，应对气候变化实践中适应活动的广度、深度和有效性具有阈值，科学的识别适应阈值，将有助于优化适应资源的配置，确保采取足够和实质性的适应措施，同时，防止过度适应，充分认识适应的局限性，增加适应决策的科学性。

4）损失与危害保险机制的局限性。保险在气候变化风险转移方面具有重要作用，但保险在应对气候变化损失与危害中的局限性也十分明显。保险对极端事件造成的可计算的经济损失非常适用，不适用难以计算的生态系统、文化、传统等的危害。渐变事件造成的损失与危害需要较长的周期才能观察到，如海平面上升、温升、干旱化等，需要创新保险机制。

5）恢复与补偿的局限性。恢复与补偿是应对气候变化相关的损失与危害的重要方法。实际上，部分损失与危害难以恢复与补偿。如海平面上升造成的土地面积损失、海洋酸化导致的珊瑚白化等。另外，根据《公约》恢复与补偿损失与危害是发达国家的历史责任，但发达国家对损失与危害机制持坚决的反对态度，损失与危害资金来源未定，恢复与补偿受制于发达国家的履约程度。

2.3.2 损失与危害制度构建研究方向

在《公约》主渠道内，构建公平合理的损失与危害国际制度主要存在两个障碍：一是发达国家向发展中国家转嫁责任。《公约》第4.3条中关于气候变化不利影响的责任认定是非常明确的，发达国家对此负有不可推卸的历史责任（马欣等，2010）。但近年来，美欧等发达国家竭力逃避和转嫁自身责任。二是为获得更多应对损失与危害的资金来源，小岛国联盟（AOSIS）在应对损失与危害机制中特别提出"污染者付费"原则，不区分发达国家与发展中国家，而是按排放量承担应对损失与危害的责任。"污染者付费"原则严重违背了《公约》追究发达国家承担历史责任的宗旨，有向发展中国家转嫁责任的风险（马欣等，2013）。

在基于市场和国际法律的制度构建过程中，主要存在两类问题：一是如何通过市场机制应对气候变化损失与危害的过程中，准确地反映发达国家所应承担的历史责任，合理确定受益方的范围和程度；二是加强应对气候变化损失与危害机制的国际法律基础，将更多国际环境法律原则引入到损失与危害的机制构建中。

2.3.3　气候变化损失与危害议题谈判分析

全球气候变化给广大发展中国家造成了巨大的生命和财产损失，根据发展援助研究协会（DARA）的报告，气候变化每年夺去近 40 万人的生命，每年造成的经济损失超过 1.2 万亿美元，相当于全球 GDP 的 1.6%（DARA，2012）。在《公约》谈判中，如何应对与气候变化不利影响有关的损失与危害是发展中国家，特别是小岛国联盟和最不发达国家的长期诉求（李玉娥等，2010；马欣等，2012；WWF，2012）。

2.3.3.1　《公约》下损失与危害谈判进展

2007 年，《巴厘岛行动计划》要求缔约方考虑特别脆弱的发展中国家应对气候变化不利影响相关损失与危害的方法与策略（UNFCCC，2007a）。2008 年在波兹南会议（COP14）上，小岛国联盟首次提出应对气候变化损失与危害的多窗口机制（AOSIS Submission，2010）。经过不断凝聚共识，多数发展中国家逐渐意识到应该通过加强国际合作来应对损失与危害问题，并终于在 2010 年 COP16 的《坎昆协议》中决定建立一项旨在考虑特别脆弱的发展中国家应对气候变化不利影响相关的损失与危害方法的工作计划（UNFCCC，2010），正式在国际气候变化制度构建过程中展开帮助发展中国家应对损失与危害的多边谈判。

2011 年 COP17 的"德班协议"（UNFCCC，2011a）中提出为加深对损失与危害问题的认识，要求缔约方、政府间组织及利益相关方就三个主题领域开展讨论：一是评估与气候变化不利影响相关的损失和危害风险，以及该领域的现有知识；二是应对与气候变化不利影响相关的损失和危害；三是加强《公约》在应对气候变化不利影响中的作用，并形成建议供 COP18 审议。

2012 年，损失与危害问题突然升温，在多哈举行的 COP18 上，以美国为首的发达国家和以小岛国联盟为核心的发展中国家就损失与危害问题展开了激烈的斗争，双方就是否在《公约》下建立应对损失与危害的国际机制展开了拉锯式谈判。会议最长持续超过 48 小时，最终美国和小岛国联盟均作出妥协，"多哈协议"决定在 COP19 上设立应对损失与危害的机构安排（UNFCCC，2012e）。英国《卫报》评论："多哈协议"为穷国的损失与危害援助扫清了道路（Havey，2012）。

2.3.3.2 主要集团在损失与危害问题上的观点

（1）发达国家集团的观点

美国对损失与危害议题持坚决的反对态度，在坎昆和德班会议期间，美国提出损失与危害问题是包括发达国家在内的所有国家共同面临的问题，强调在国家驱动的原则下，由各国自行应对和解决；强调损失与危害问题在科学上仍存在不确定性，损失与危害概念的界定与范围不明，现有研究无法区分气候变化和非气候变化因素带来的损失与危害（USA，2011）。欧盟与美国持基本相似的观点，同时强调多种渠道共同应对损失与危害问题，引入私人资本和其他资金资源，特别突出保险等商业行为的重要性（EU，2011），并提出"具有同等能力"的国家出资的建议。挪威与美欧的立场相近，但同意可以帮助最脆弱的发展中国家适应气候变化，提供科学、认识和经验方面的共享（Norway，2011）。

（2）发展中国家集团的观点

小岛国联盟和最不发达国家集团是损失与危害问题最积极的推动者，它们认为与气候变化相关的损失与危害是由发达国家历史排放造成的，发达国家应当承担历史责任，有义务提供资金和其他资源补偿或赔偿发展中国家遭受的损失与危害。主张在《公约》下建立由保险、恢复与赔偿、风险管理三个部分组成的应对与气候变化相关的损失与危害国际机构，建立与资金之间的密切联系，由发达国家公共财政提供充足、可预测和额外的资金，通过损失与危害国际机构补偿给遭受气候变化损失与危害的最脆弱发展中国家。但同时，小岛国联盟提出"污染者付费"作为处理损失与危害问题的基本原则（AOSIS Submission，2010）。其他发展中国家，特别是南美国家认为所有发展中国家都是脆弱的，都需要得到发达国家的资金补偿。同时，强调与气候变化相关的损失与危害不仅包括经济损失与危害，还包括生态、传统文化等非经济损失，需要综合评估损失与危害的内容（EU，2011；UNFCCC Secretariat，2011）。

可见，《公约》下损失与危害的谈判仍是发达国家与发展中国家两大阵营的斗争，发达国家意图阻挠《公约》下损失与危害的谈判进程，努力摆脱发展中国家要求其履行的历史责任，转而通过保险等多种渠道向发展中国家转嫁责任。发展中国家，特别是小岛国联盟和最不发达国家集团力图以损失与危害的国际机制为突破口，获得发达国家的赔偿与补偿。

2.3.3.3 损失与危害谈判核心问题

（1）损失与危害的科学问题

《公约》下气候变化的定义是狭义的，特指工业革命以来由直接或间接人类活动排放温室气体改变地球的大气组成所导致的气候变化，不包含气候的自然变率。现有科学认识无法准确地区分气候自然变率和人类活动导致的气候变化在发展中国家遭受的损失与危害中的贡献；与气候变化相关的损失与危害的空间范围巨大，涉及的类型和种类多样，几乎全球所有国家都面临与气候变化相关的损失与危害，广义上包括人员伤亡、经济损失、生态破坏、环境污染、文化和社会传统遗失等。谈判中对损失与危害的定义和识别存有争议，无法建立具有共识的科学评估方法，获得全球和各国准确的损失与危害数据。因此，损失与危害谈判中存在一些对科学问题的争论，对谈判进展形成一定的阻碍。

（2）机制与机构

经过20多年的谈判，广大发展中国家认识到对关键性问题建立专门的执行机构是推动应对气候变化具体行动的可行道路。在COP18上，小岛国联盟和最不发达国家集团联手强行推动建立与气候变化相关的损失与危害国际机构，希望尽快从发达国家得到损失与危害的补偿。《公约》建立以后，设有附属履约机构（SBI）、附属科技咨询机构（SBSTA）和最不发达国家专家组（LEG）等相关机构。"巴厘路线图"谈判期间，《公约》下又建立了一系列新的机构与平台，其中适应委员会在《公约》下总体协调适应相关活动，其中包括损失与危害的相关内容。同时，缔约方在谈判中对损失与危害国际机构的定位、功能、组成等技术性问题均未深入讨论。因此，损失与危害国际机构的谈判面临着与现有机构重叠、技术性细节未定等具体的困难。

（3）责任认定与出资义务

《公约》第4.3条中关于气候变化不利影响的责任认定非常明确，发达国家对此负有不可推卸的历史责任。但近年来，美欧等发达国家竭力逃避和转嫁自身责任，一方面强调包括发达国家在内的所有国家在气候变化面前都是脆弱的，在国家驱动的原则下，损失与危害是各国自己的问题，应该由自己负责；另一方面，向新兴的发展中大国施压，让与发达国家"具有同等能力"的国家在损失与危害补偿方面，承担出资义务。因此，发达国家逃避和转嫁自身责任是损失与危害谈判的核心障碍。同时，小岛国联盟提出"污染者付费"原则有淡化发达国家历史责任、向发展中国家转嫁责任的风险。

以上三个方面是气候变化损失与危害谈判过程中的难点，由于双方立场严重对立，谈判进展缓慢。但多哈会议期间，美国首席谈判代表斯特恩在陈述美国的基本考虑时却道出了症结的根本，"美国正面临严重的经济和财政危机，政府和公共部门十分困难，再拿出资金应对损失与危害不可行。同时，补偿所有国家与气候变化相关的损失与危害将是一个无底洞，这也是美国所无法负担的"。

2.3.4 对损失与危害问题的认识与思考

（1）损失与危害谈判突然增温的原因

多哈会议期间损失与危害问题突然升温，其背后有深刻的科学和政治原因：一是 2012 年 3 月，IPCC 发布了《管理极端事件和灾害风险推进气候变化适应》特别报告，指出过去 50 年全球极端天气气候事件呈增加趋势，未来气候相关的损失还将继续上升，并提出了降低天气气候风险管理建议，为损失与危害问题及解决提供了坚实的科学依据（IPCC，2012）。二是 2012 年，根据"德班协议"对损失与危害相关的三个主题领域举行了一系列国际研讨会，在《公约》下形成了综合报告，加深了《公约》谈判各方对损失与危害问题的认识（UNFCCC Secretariat，2012）。三是 2012 年多哈会议成为"巴厘路线图"谈判的终点，发达国家急于关闭"巴厘路线图"的授权，转向德班平台的谈判，以小岛国联盟和最不发达国家为代表的发展中国家判断可适当提高谈判要价，在损失与危害谈判中寻求突破。

（2）损失与危害的归因与评估问题

目前损失与危害的归因、界定与评估还面临科学上的问题，但气候变化给广大发展中国家造成了巨大的损失与危害是共识。《公约》中早已指出，不能以"科学上存在不确定性"作为推迟采取行动的理由，可以优先采取"低悔"的适应措施。损失与危害评估的范围仍有很大争议，形成统一系统的评估方法仍面临挑战，从尽快形成发展中国家损失与危害解决方案的角度，可考虑先易后难的思路，近期以易于统计和评估的人员伤亡和经济损失为主，随后开展对环境、生态、文化和社会传统等的评估方法谈判，同时，加强气候变化及其影响的归因研究，增强损失与危害评估的科学基础。

（3）损失与危害机制与现有机构的关系

损失与危害国际机制的定位与功能与《公约》下现有机构之间确实存在一定的功能重叠，但损失与危害机制具有其独特的功能。如通过市场手段，运用保险市场来转移气候变化风险。因此，在谈判中通过与《公约》下现有机构的职能的对比识别，可以防止机制之间的功能重叠，功能识别是可以在谈判中逐步解决的技术性问题。

（4）损失与危害谈判中发展中大国的角色

在当前《公约》的谈判进程中，发展中国家作为一个整体推动了损失与危害议题的谈判。但在谈判中，发展中大国实际面临着发达国家为转嫁责任而提出的"具有同等能力"的发展中国家承担出资义务的压力，以及小岛国联盟提出的"污染者付费""排放大国付费"等不合理要求。因此，当前发展中大国在谈判中必须坚持发展中国家的角色定位，依据《公约》精神追究发达国家的历史责任，维护和加强发展中国家的团结。未来，发展中大国可根据自身的能力，适当地帮助小岛国联盟和最不发达国家应对气候变化的不利影响。

综上所述，关于损失与危害议题有以下初步共识：一是损失与危害是推动发达国家承担历史责任的重要议题。在《公约》"共同但有区别的责任"原则指导和第 4.3 条的规定下，发达国家对气候变化不利影响负有历史责任。广大发展中国家饱受气候变化的影响，损失与危害作为气候变化不利影响中最直接、最显著的部分，直接关系到小岛屿国家的生存和最不发达国家民众的基本生计，以及广大发展中国家的发展成果安全。因此，发达国家提供资金和其他资源帮助发展中国家应对气候变化的损失与危害是其履行《公约》义务、承担历史责任的重要内容。二是损失与危害谈判成功的基石是加强发展中国家的团结。坎昆会议以来，在发达国家坚决反对的情况下，适应谈判仍然推动建立了旨在考虑特别脆弱的发展中国家应对气候变化不利影响相关的损失与危害方法的工作计划，并且召开了一系列国际会议讨论和研究损失与危害问题，根本的动力就是广大发展中国家在损失与危害议题下能保持团结，共同向发达国家施压。但损失与危害后续谈判仍十分艰苦，广大发展中国家，特别是小岛屿国家和最不发达国家应当高度重视发展中国家内部的团结，在"污染者付费"或"排放大国付费"等问题上表现出灵活性，同时，与发达国家的立场保持距离，与其他发展中国家共同反对"具有同等能力"的发展中国家承担出资义务。否则，损失与危害议题将失去部分重要发展中国家的支持，可能陷入僵局，甚至不了了之。三是损失与危害谈判的核心困难是发达国家拒绝承担《公约》下的历史责任。损失与危害谈判中面临着科学问题及与《公约》下现有机构职能重叠问题，但真正阻碍谈判进程的是损失与危害的责任认定与出资义务，发达国家出于自身利益考虑，弱化《公约》下承担的历史责任，甚至向发展中国家转嫁责任，这才是损失与危害谈判进展缓慢的根本原因。因此，损失与危害议题谈判取得实质性进展需要发达国家立场的转变。

2.4 与议题相关的各国适应气候变化政策现状

与适应气候变化在《公约》框架下议题相关，各国也积极制定和出台了一系列适应相关政策与行动方案（表2-1）。

表 2-1 世界主要国家适应气候变化政策清单

年份	欧盟	英国	德国	法国
2013	发布《欧盟适应气候变化战略》	发布《国家适应规划》		
2011			发布《适应气候变化战略的行动规划》	发布《国家适应气候变化行动规划（2011–2015）》
2010		威尔士发布《气候变化适应战略》		
2009	发布气候变化适应白皮书	苏格兰发布《气候变化适应框架》		
2008		颁布《气候变化法》发布《英格兰适应气候变化：行动框架》	发布《适应气候变化战略》	
2007	发布气候变化适应绿皮书			
2006				《国家适应气候变化战略》
2005			发布《国家气候保护计划》	
2004				发布《气候规划2004》

年份	美国	加拿大	澳大利亚	日本
2013	发布《气候行动规划》			
2011	发布《联邦部门制定适应气候变化规划的实施指南》	发布《联邦适应政策框架》	澳大利亚政府委员会组建气候变化特别委员会	
2010			发布《澳大利亚适应气候变化：政府立场书》	发布《建设气候变化适应型新社会》
2009	组建跨部门气候变化适应工作组 发布13514号总统令			
2007			发布《国家气候变化适应框架》	
2005		发布《推进应对气候变化：履行京都承诺规划》		
2002		发布《加拿大气候变化规划》		
2000		发布《加拿大政府气候变化行动规划》		
1995		发布《国家气候变化行动规划》		
1990		发布《国家应对全球变暖行动战略》		

续表

年份	俄罗斯	印度	南非	巴西
2011	发布《2020 年前俄罗斯联邦气候学说综合实施方案》		发布《国家应对气候变化白皮书》	
2010			发布《国家应对气候变化绿皮书》	
2009	发布《俄罗斯联邦气候学说》			立法确定《国家气候变化政策》
2008		发布《气候变化国际行动规划》		发布《国家气候变化规划》
2007				组建部门气候变化委员会和气候变化执行小组
2004			发布《南非应对气候变化国家战略》	

资料来源：孙傅和何霄嘉，2014

2.4.1 欧盟及其主要成员国

2007 年，欧盟发布了关于适应气候变化的绿皮书《欧洲适应气候变化——欧盟行动选择》，确立了适应气候变化的优先行动领域，提出将适应纳入欧盟法律、政策和资助计划的制定、修订和执行过程以及与发展中国家、邻国和发达国家的外交活动中，并将社会各部门纳入适应战略的制定过程中，同时加强气候变化集成研究（Commission of the European Communities，2007）。2009 年，欧盟发布了《适应气候变化：面向欧洲的行动框架》白皮书，提出了提高成员国气候变化适应能力的分阶段行动方案，其中第一阶段（2009~2012 年）为基础性工作，第二阶段（2013 年以后）为制定和实施全面的适应战略。第一阶段的核心行动包括建立知识基础、将适应纳入关键政策领域并综合应用各种政策手段确保其有效实施，以及加强国际合作等（Commission of the European Communities，2009）。2013 年 4 月，欧盟发布了《欧盟适应气候变化战略》，确立了鼓励成员国采取全面的适应战略、提供资金支持能力建设和适应行动、在"市长盟约"（Covenant of Mayors）框架下引入适应、填补知识空白、进一步完善 Climate-ADAPT 适应信息平台、在共同农业政策（Common Agricultural Policy）等政策中推动气候防护（climateproofing）、提高基础设施弹性、促进保险和其他金融产品以提高投资和商业决策弹性等 8 项增强适应能力的行动（European Commission，2013）。同时，该战略还提出了建立成员国协调框架、加强气候变化适应的资金支持、适应政策的监控和评估等工作机制（European Commission，2013）。除了这些综合政策，欧盟还将气候变化纳入重要行业和领域的政策中，例如 2008 年已发布的海洋战略框架指令（2008/56/EC）。在成员国层面上，截至 2012 年，已有英国、德国、法国等 15 个国家制定了气候变化适应战略，14 个国家制定了行动方案，部署本国适应气候变化的政策和行动。

英国是欧盟国家中积极应对气候变化的先行者，2008 年颁布了《气候变化法》，成为世界上首个专门针对减缓和适应气候变化立法的国家。该法要求组建气候变化委员会及适应分委员会，为政府提供减缓和适应气候变化的建议，并向议会报告进展。该法还要求国务大臣至少每 5 年一次向议会报告气候变化影响及其适应规划，同时也赋予国务大臣要求相关部门和机构汇报气候变化对该部门的影响及其适应政策和进展的权力。《气候变化法》颁布的同年，英国发布了《英格兰适应气候变化：行动框架》，其后苏格兰和威尔士政府相继发布了气候变化适应框架或战略。2013 年 7 月，英国发布了《国家适应规划》，部署了建筑环境、基础设施、健康的适应型社区、农业和林业、自然环境、商业、地方政府等领域适应气候变化的具体目标、行动方案、责任部门和进度安排（HM Government，2013a）。在部门和机构层面，按照《英格兰适应气候变化：行动框架》的要求，英国政府部门在 2010 年 3 月前均发布了本部门的气候变化适应规划。同时，根据《气候变化法》的规定，英国从 2010 年 10 月到 2011 年 12 月开展了第一轮部门和机构汇报，能源、交通、水等关键基础设施部门的约 100 个组织机构提交了气候变化风险及其适应方案的报告（Centre for Environmental Risks and Futures，2012），第二轮部门和机构汇报已于 2013 年 7 月正式启动（HM Government，2013b）。

德国 2005 年发布的《国家气候保护计划》指出，需要在国家层次建立全面的适应方法（The National Climate Protection Programme，2005）。2008 年，德国制定了《适应气候变化战略》，分析了气候变化对人体健康、建筑业、水资源及海岸和海洋保护、土壤、生物多样性、农业、林业、渔业、能源行业、金融业、交通及其基础设施、工商业、旅游业等领域的影响和可能的适应行动（The Federal Government，2008）。2011 年，德国出台了《适应气候变化战略的行动规划》，确定了扩大知识基础、促进信息共享和交流，建立联邦政府适应框架和工作机制，推动联邦政府直接负责的行动，开展国际合作和援助发展中国家等 4 项核心任务（The Federal Government，2011）。在制定国家战略和行动规划的过程中，联邦政府与各州密切合作，目前大多数州也制定了相应的气候变化适应战略和计划。对于关键领域和部门，德国通过在相关立法中纳入气候变化适应来提高其应对能力，例如，《空间规划法》《建设法》《水资源法》等已经把考虑气候变化减缓和适应列为其相应工作的原则（UNFCCC Secretariat，2011）。

法国 2004 年发布的《气候规划》把提高全民气候变化意识和适应能力列为 8 项任务之一，计划通过宣传、教育、培训等方式提高公众意识，引导公众消费选择，通过支持一批气候变化适应研究项目提升适应能力，为制定全面的适应战略和规划奠定基础（Climate Plan，2004）。2006 年，法国发布了《国家适应气候变化战略》，确定了适应气候变化的原则、目标和战略方向，并提出了农业、能源和工业、交通、建筑业、旅游业、银行和保险业、水资源、灾害预防、健康、生物多样性、城镇、沿海和海洋、山区、林区等重要部门、领域和区域的适应对策建议（National Strategy for

Adaptation to Climate Change，2006）。2011 年，法国出台了《国家适应气候变化行动规划（2011-2015）》，该规划包含健康、水资源、生物多样性、自然灾害、农业、林业、渔业和养殖业、交通基础设施、城市规划和建筑环境等 20 个领域的 84 项行动和 230 条具体措施（National Climate Change Adaptation Plan，2011）。在区域层次，法国 2010 年颁布的环境法要求人口 5 万以上的区域应在 2012 年之前制定《气候和能源规划》，法国已有 390 多个地区制定了相应的规划。

2.4.2　亚太地区主要发达国家

近年来，美国政府对适应气候变化的重视程度迅速提升。2009 年，刚刚就任的奥巴马总统组建了跨部门气候变化适应工作组，其主要职能是帮助联邦政府认识和适应气候变化。该工作组由环境质量委员会、科技政策办公室和国家海洋和大气管理局共同主管，包含了 20 多个联邦部门的代表。同年 10 月，美国 13514 号总统行政命令要求所有联邦部门评估气候变化风险和脆弱性，研究本部门相关政策适应气候变化的方法。2011 年，跨部门气候变化适应工作组发布了《联邦部门制定适应气候变化规划的实施指南》，指导各部门的规划制定工作（Interagency Climate Change Adaptation Task Force，2011）。2013 年 2 月，联邦各部门首次发布了《气候变化适应规划》。除了制定本部门规划，联邦部门还开展合作，应对跨领域问题。例如，跨部门气候变化适应工作组 2011 年发布了《气候变化条件下淡水资源管理的国家行动规划》。2013 年 6 月，奥巴马总统宣布了《气候行动规划》，部署了碳减排、适应气候变化以及引领国际社会应对气候变化等 3 项核心任务（Executive Office of the President，2013）。其中，适应气候变化涉及 3 方面行动，即建立更强大、更安全的社区和基础设施，保护经济和自然资源，以及应用可靠的科学管理气候影响。在引领国际社会应对气候变化方面，美国将致力于提高全球应对气候变化的能力，包括：加强政府和社区的规划及其适应能力，开发新型金融风险管理工具，以及推广抗旱作物和管理实践（Executive Office of the

President，2013）。

加拿大 1990～2005 年发布了一系列应对气候变化的战略或规划，它们都提出加大科技投入，加深对气候变化影响及其适应的认识。2002 年加拿大组建了跨政府部门气候变化影响和适应工作组，该工作组 2005 年制定了《国家气候变化适应框架》，但未被联邦政府采纳。2007 年，加拿大政府责成环境部和自然资源部拟定适应框架文件，2011 年《联邦适应政策框架》获得通过，确立了加拿大适应气候变化的愿景和目标、联邦政府的作用、优先行动的筛选标准（Government of Canada，2011）。加拿大还启动了"区域适应合作计划"，促进联邦政府、省、地区以及地方政府和组织在气候变化适应规划、决策和行动方面的协调与合作。澳大利亚 2007 年发布了《国家气候变化适应框架》，把提高适应能力以及降低关键部门和区域的脆弱性作为优先领域，其中关键部门和区域包括水资源、海岸带、生物多样性、农业、渔业、林业、人体健康、旅游业、住宅和基础设施及其规划、自然灾害管理等（Department of Climate Change and Energy Efficiency，2007）。2010 年，澳大利亚发表《澳大利亚适应气候变化：政府立场书》，明确了政府、行业和公众在适应气候变化中的责任，确定了国家层面优先行动的 6 个领域，即海岸带、水资源、基础设施、自然生态系统、自然灾害管理和农业（Australian Government，2010）。2011 年，澳大利亚政府委员会宣布成立气候变化特别委员会，支持国家级气候变化政策的有效实施，并为联邦政府在政策执行过程中加强与州、地区和地方政府的联系提供平台。在区域层次，各州和地区也制定了与应对气候变化相关的法律、战略、规划等。例如，南澳大利亚州 2007 年颁布了《气候变化和温室减排法》，2012 年发布了《气候变化适应框架》及《实施气候变化适应框架的政府行动规划（2012-2017）》。

日本虽然尚未制定国家层次适应气候变化的战略或规划，但其十分重视气候变化适应研究，并在政府部门层次制定了相关政策。日本政府科技决策的最高机构——综合科学技术会议 2010 年发布了《建设气候变化适应型新社会的技术开发方向》，把强化绿色社会基础设施和创建环境先进城市作为适应气候变化的两大战略方向，其中涉及水资源、自然环境、可再生能源系统、紧凑型城市规划、信息化防灾、公众健康等领域，同时提出了相应的技术开发、社会体制改革等需求（Council for Science and Technology Policy，2010）。在部门层面，日本环境省、农林水产省、国土交通省、文部科学省等都开展了气候变化适应工作，发布了相应的研究报告、战略、计划、指南等，例如，环境省 2010 年发布的《气候变化适应方法》研究报告，文部科学省 2010 年启动的"气候变化适应研究计划"，国土交通省 2010 年发布的《洪水灾害的气候变化适应规划指南》。2011 年，日本政府开始酝酿制定国家适应气候变化规划。

2.4.3　主要新兴经济体国家

俄罗斯 2009 年发布了《俄罗斯联邦气候学说》，确立了应对气候变化的目标、原则、实施途径等，并明确了 4 项主要任务，即建立气候变化领域的法律和管理框架以及政府规章，利用经济手段推动气候变化减缓和适应措施的实施，为制定和实施气候变化减缓和适应措施提供科技、信息和人才支撑，以及加强减缓和适应气候变化的国际合作（Government of the Russian Federation，2009）。2011 年，俄罗斯发布了《2020 年前俄罗斯联邦气候学说综合实施方案》，明确了应对气候变化的 31 项措施及其责任部门和进度安排（The Government of the Russian Federation，2010）。

印度 2008 年发布了《气候变化国家行动规划》，确立了应对气候变化的原则和方法以及国家层面的 8 项行动计划，包括太阳能计划、提高能源效率计划、可持续人居环境计划、水资源计划、喜马拉雅生态保护计划、绿色印度计划、可持续农业计划及气候变化战略研究计划，并成立了总理气候变化委员会，定期评估实施进展（Government of India，2008）。从 2009 年开始，印度的一些邦和城市也陆续发布了气候变化行动规划。

南非早在 2004 年就制定了《南非应对气候变化国家战略》，并把适应气候变化作为一项重要战略，提出了健康、水资源、畜牧业、农业、林业、生物多样性、经济等领域的干预措施（Department of Environmental Affairs and Tourism，2004）。2010 年和 2011 年，南非相继发布了《国家应对气候变化绿皮书》和《国家应对气候变化白皮书》。在《国家应对气候变化白皮书》中，南非部署了水资源、农业和林业、健康、生物多样性和生态系统、人居环境（城市、农村和沿海）、灾害风险管理等重点领域的行动，提出了通过政策和规划评估及规章审计、职能和制度安排、与利益相关者合作、协调机制、交流和行为改变、管理对策、市场手段等途径实现气候适应型发展（The Government of the Republic of South Africa，2011）。政府部门也根据《国家应对气候变化白皮书》的要求将气候变化适应纳入部门规划，例如，2013 年 1月，南非农业、林业和渔业部发布了《农业、林业和渔业部门气候变化规划》（草案）。

巴西 2007 年通过 6263 号法令，组建跨部门气候变化委员会和气候变化执行小组，并要求气候变化执行小组在跨部门气候变化委员会的指导下制定国家气候变化政策和国家气候变化规划。2008 年，巴西发布了《国家气候变化规划》，确立了减缓和适应气候变化的 7 项目标，其中两项目标与适应相关，即加强跨部门行动、降低人群脆弱性，以及识别气候变化影响、加强战略研究、降低国家适应的社会经济成本（Government of Brazil，2008）。2009年，巴西通过联邦法律 12187 号确定了《国家气候变化政策》，制定了减缓和适应气候变化的目标、战略方向、保障机制等，同时要求颁布法令，制定部门规划。2010 年，巴西 7390 号法令要求能源、农业、钢铁等部门在 2012 年 4月 16 日之前制定气候变化减缓和适应规划，目前能源、农业、制造业、采矿业、交通、健康等部门已经发布了相应规划。

2.4.4 最不发达国家

2001 年《公约》COP 7 决定为最不发达国家设立工作方案，并设立最不发达国家基金支持该工作方案，特别是制定和实施《国家适应行动方案》。截至 2013 年 5 月，已有 49 个最不发达国家向《公约》秘书处提交了

《国家适应行动方案》，以解决其最迫切的适应需求，优先项目的需求涉及水资源、粮食安全、公众健康、基础设施、预警系统和灾害管理、教育和能力建设等领域。2010 年的 COP16 决定建立机制帮助最不发达国家在现有《国家适应行动方案》的基础上制定和实施《国家适应规划》，满足其中长期适应需求。

第 3 章 气候变化对我国的影响 与适应策略研究

3.1 冰川加剧消融对我国西北干旱区的影响 及其适应对策

西北干旱地区战略地位突出，甘肃、青海、新疆三省（自治区）是我国有色金属、石油、天然气、煤炭等战略资源的主要产区和战略储备区，其未来发展在我国国民经济发展中的作用十分重要。西北干旱区也是国家安全和生态安全的核心区，区内绿洲-荒漠生态系统与高山冰雪冻土相伴分布是本地区不同于世界其他干旱区的最显著特征，二者也是对气候变化影响的反应最敏感的陆地生态系统。受气候变暖影响，西北干旱区冰川加速消融萎缩，与之相关的河川径流变率、灾害爆发频率与强度等将持续增加，给本地区水资源管理与利用、防灾减灾带来深刻影响，尤其是冰川加速消融将使西北地区水资源利用与生态退化的矛盾更加突出。过去内陆河水资源开发利用既有成功的经验也有失败的教训，21 世纪以来国家又投巨资对我国西北典型内陆河综合治理。在这样的背景下，应对冰川消融给西北水资源和生态环境带来的挑战，直接关系到西北干旱区的经济社会发展水平（张九天等，2012）。

3.1.1 西北干旱区概况及冰川水资源分布

3.1.1.1 西北干旱区概况

西北地区多属干旱地区，经济发展相对落后，包括甘肃、青海和新疆三省（自治区）的西北干旱地区陆地面积达 271 万 km²，占全国陆地面积的 28.2%，属温带大陆性气候区，深居内陆，气温年较差和日较差较大，干旱少雨。尽管土地面积巨大，但沙漠戈壁、高山高原广布，大片土地难以利用，耕地面积 970 万 hm²，仅为全国耕地面积的 7.5%；可利用草地面 10486 万 hm²，占全国可利用草地面积的 39.4%；地表水资源总量 1689 亿 m³，为全国地表水资源总量的 6.2%。三省（自治区）人口稀少（5351 万人），占全国人口的 4% 左右，城镇人口 1953 万人，仅占总人口的 36.5%，远低于全国总体水平（46.6%）；经济极不发达，2010 年国内生产总值仅占全国的 2.7%。

西北干旱地区战略资源丰富，是关系国防安全的重点地区，也是危及生态安全的策源地。甘肃、青海、新疆三省（自治区）是我国有色金属、石油、天然气、煤炭等战略资源的主要产区和远景储藏区，太阳能和风能的主要蕴藏区，是石油天然气等战略资源输送通道的主要通过区。西北干旱区是维吾尔族、藏族、回族等主要少数民族居住区，与蒙古国、俄罗斯、哈萨克斯坦、吉尔吉斯斯坦、塔吉克斯坦、阿富汗、巴基斯坦、印度等国家毗邻，拥有漫长的国界线，是民族问题、边界纠纷等相关国防安全问题的重点地区。本区生态环境十分脆弱，广泛分布的沙漠戈壁和沙漠化土地及其相关的沙尘暴活动区，成为危及我国东部及周边国家生态安全的策源地。西北干旱区的发展将影响西部开发和整个国家经济发展的全局。

3.1.1.2 冰川水资源分布

据中国冰川目录（Shi et al.，2008）显示，我国西北干旱区发育冰川 22 086 条，总面积达 27 922km²，总冰储量为 2814km³，分别占全国冰川相应量的 48%，47% 和 50.3%（图 3-1）。其中，被高大的天山、帕米尔、喀喇昆仑山和昆仑山所环绕的内流区的冰川数量最多，规模最大，其冰川面积和冰储量分别占西北诸河区相应总量的 71.2% 和 82.2%。西北干旱区冰川每年释放的融水量占全国冰川融水量的 39%，占三省（自治区）地表径流的 14%，塔里木河、疏勒河等冰川融水占出山径流的比例均在 30% 以上。

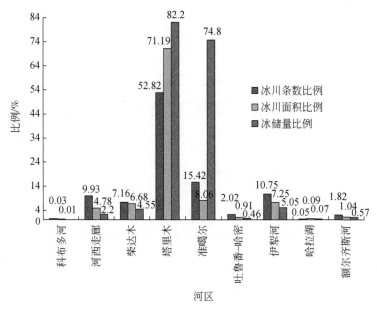

图 3-1　我国西北诸河区的冰川统计

3.1.1.3　冰川资源及冰雪融水对于西北地区的重要性

由于环境极端脆弱、水资源极度短缺，高山冰川资源及冰雪融水一直是我国西北干旱区赖以发展的重要水源，是该地区独特的绿洲社会与经济发展的命脉。冰川对中国水资源的影响主要有两方面作用：一是水资源补给作用，二是对河流径流的削峰补缺调节作用（丁永建等，2009）。冰川资源及冰雪融水的大部分汇入干旱少雨的塔里木、准噶尔、柴达木和河西走廊等内陆盆地。这里历史悠久的灌溉农业的发展一直依赖高山冰雪融水。随着工农业生产的发展和人口数量的不断增长，需水和供水的矛盾日益尖锐，而冰川资源及冰雪作为高山水库具有调节多年径流的良好作用，因而是干旱区稳定而可靠的水源。无论是农田生态系统还是绿洲防护林生态系统都受到气候变化的强烈影响，其蒸发量加大，耗水需求增加。是否能够在满足社会经济发展不断增加的水资源需求的同时确保生态系统稳定，对于本地区乃至全国的环境质量提高具有重大意义。同时考虑到西北干旱区是国家稳定与安全的核心区，是国家生态安全的屏障，是否能够把握好土地潜力、资源、国防等与冰川资源的关系，对于正在实施的西部开发和援疆建设等国家战略部署具有重大意义。

3.1.2　冰川加剧消融的观测事实及趋势预估

3.1.2.1　冰川加剧消融的观测事实

大范围遥感监测与定位监测结果表明，在全球变暖大背景下，尽管冰川变化具有明显的区域差异，但西北干旱区的冰川萎缩是主导趋势。西北干旱区所调查的 22 494 条冰川，1960 年前后总面积为 29 485km²，到 2007 年前后冰川面积已缩小了 3818km²，缩小比例达 13%，年均面积缩小 91km²。黑河流域冰川退缩最显著，冰川面积年均缩小 1.2%，其次为开都河流域和叶尔羌河流域，冰川面积年均减少 0.26% 和 0.22%。

以我国观测历史最长的乌鲁木齐河源 1 号冰川为例，自 20 世纪 60 年代初以来总体处于退缩状态，到 1993 年东西支冰舌完全分离，成为两支独立的冰川（焦克勤等，2000）。期间共退缩 139.7m，冰川面积也相应由 1962 年的 2.0km² 减小到 2001 年 1.7km²（李忠勤等，2003），其冰川物质平衡观测（图 3-2）表明，1 号冰川物质平衡自有监测数据以来处于亏损状态，1985 年以后冰川物质平衡有加速亏损趋势，1986～2000 年年均亏损量是 1959～1985 年的 3.8 倍，其中 1997 年、1998 年和 1999 年为亏损量最大的 3 年（焦克勤等，2004；王国亚等，2011）。此外，2001 年对喀喇昆仑山北坡、慕士塔格–公格尔山区的遥感数据进行解译，并与中国冰川目录资料进行对比表明，在喀喇昆仑山监测的冰川中，冰川面积小于 1.0km² 的冰川完全消失。对甘肃省水资源影响较大的石羊河、黑河、北大河、疏勒河、党河、哈尔腾河和大通河 7 个流域进行统计，至 2006 年已经有 308.1km² 冰川发生退缩或消失。从变化的空间特征来看，冰川面积较小的祁连山东段，冰川变化最为剧烈，冰川变化率普遍超过了 -25%。

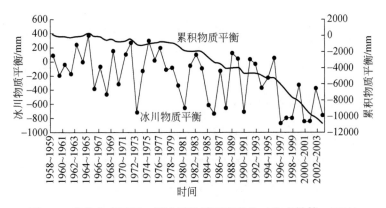

图 3-2　乌鲁木齐河源 1 号冰川物质平衡变化（焦克勤等，2004）

3.1.2.2　冰川及其融水径流变化趋势预估

中国气象局国家气候中心发布的西北干旱区未来气候变化情景集合数据表明，2010～2050 年，气温将显著升高，降水少量增加，冰川将进一步萎缩，冰川融水将有显著变化。主要表现在：①冰川数量多、规模大的流域，如叶尔羌河流域、阿克苏河（及整个塔里木河），冰川融水将保持持续增加态势，到 2050 年，整个塔里木河流域冰川融水量增加幅度 12 亿～34 亿 m³；②冰川数量与规模相对中等的玛纳斯河流域，冰川融水将经历前期增加，到 2030 年后转为减少的变化过程；③而乌鲁木齐河、黑河、石羊河等流域，冰川数量少，规模小，冰川融水将持续减少，黑河流域 2007 年冰川融水 1.3 亿 m³，到 21 世纪 40 年代将快速递减到 0.7 亿 m³ 左右；乌鲁木齐河流域则由 2007 年的 0.45 亿 m³ 减少到 2040 年的 0.27 亿 m³ 左右。

21 世纪后半叶，若气温一如预估的持续变暖，玛纳斯河、乌鲁木齐河、黑河、石羊河等流域的冰川将大量消失，冰川融水势必持续减少甚至枯竭，对河流的调节功能减弱或基本消失；冰川数量多，规模大的流域，随着冰川规模持续减少，冰川融水势必由增加转为减少，但何时出现拐点，仍有待深入研究。

3.1.3 冰川加剧消融对我国西北干旱区的影响

3.1.3.1 对水资源的影响

（1）已造成的影响

一方面，冰川融水使地表径流总量及最大径流量显著增加，有利于缓解用水矛盾及春旱。近十几年新疆出山径流增加显著，最高增幅可达40%，乌鲁木齐河源区径流增加的70%来自于冰川加速消融补给，南疆阿克苏河近十几年径流增加的1/3左右来源于冰川径流增加（Liu et al., 2006）。由于受冰川加剧消融的影响，在甘肃黑河流域东部河流出山口的径流量中，冰川融水所占比重变化不大；西部河流冰川融水补给比重显著增大，这反映了在全球气候变暖背景下，祁连山冰川对气候变化过程的响应（贺建桥等，2008；沈永平等，2001；秦甲等，2011）。另外，冰川及其融水是山前绿洲形成、发展和稳定的基础，冰川融水增加，使绿洲地区农作物生长获得更有利的水分条件，使绿洲天然林的净初级生产力增加。另一方面，近期冰川退缩加快，冰川数量和规模呈减少趋势，已严重影响到水资源变化格局，突出表现为水资源年内与年际变率增加，现有水资源管理与灾害防治对策与措施面临巨大挑战。例如，20世纪80年代和90年代以及21世纪前6年，玛纳斯河流域冰川径流平均增长率分别为1.2%、12.6%和11.0%。季节变化规律为：2月径流量最少，仅占全年的1.8%；春季（3~5月）占全年径流量的9%，夏季（6~8月）主要靠高山冰雪融水及山区降水补给，其径流量占全年径流的68%，其中，7月径流量最大，占全年的27.3%。

（2）未来风险

从长期来看，随着冰川消融的进一步加剧，冰川面积严重萎缩，并最终消亡，河流由于失去冰川的调节作用，径流减少，同时随气候极端化发生会增加发生丰水、枯水频率的机会（吴素芬等，2006；赵井东等，2011）。同时，多数流域将会面临着因冰川融水补给减少而水资源趋于减少的威胁；人口及经济规模的增大，水资源需求量增加，用水矛盾将会进一步激化；加之面对河川径流数量与季节分配特征的重大改变，目前的水资源管理策略，经济社会发展模式必然面临巨大挑战。如果不及时调整水资源管理措施适应冰川加剧消融，人类用水将严重挤占生态用水，导致自然生态环境恶化。由于人类引水比例过大，将导致中下游河水断流，尾闾湖消失；地下水位下降，河道两岸自然植被缺水枯萎退化，地表因失去植被保护而退化。

3.1.3.2　加剧山地灾害

受极端气候和冰川加剧消融双重影响，山地灾害风险有增加趋势。气候变化背景下，极端气候发生的频率和强度呈增加趋势，除高山雪崩和秋冬的暴风雪灾外，山区暴雨型洪水叠加冰雪型洪水发生的概率和风险也会增加。研究表明（杨正国等，2008），祁连山区洪水发生频率增加，危害面积与造成的经济损失呈快速增长趋势。近十几年来，洪水所到之处，冲毁林区道路、苗圃、封山育林围栏等基础设施，并造成水土流失，降低了林地生产力，加剧了土地荒漠化。未来，叶尔羌河河源区和阿克苏河河源区冰湖溃决洪水仍将存在一定时间；独山子—库车公路穿越的北天山段、中国—巴基斯坦国际公路通过区的盖孜河流域及巴基斯坦洪扎河谷上游区以及新疆—西藏公路部分路段冰川泥石流灾害将呈加重趋势。各冰川分布流域冰雪洪水危害将长期存在，以伊犁河流域和北疆阿尔泰地区的融雪洪水最显著。未来无论是防洪还是公路维护与提高等级等必须考虑这些灾害的长期变化趋势。

3.1.3.3　对农业的影响

我国干旱区内陆河流域农业生产主要以灌溉农业为主，水分条件是农业发展最重要的物质基础和限制性因素。冰川融水增加，使部分地区农作物生长获得更有利的水分条件。但由于气候变暖，地面蒸发加剧，农业可利用的水量增加有限。有研究认为，绿洲农作物所需水量随着气温的升高、土壤蒸发的增加而增加（Stefan et al.，2007），在未来气候变化趋势下农业灌溉需求将继续增加，随着气温升高，农作物水分利用效率将会降低（Aguilera et al.，

2011)。由此可见，在塔里木河流域冰川融水增加的情势下，其农业生产的水资源保障依然面临着巨大挑战。为突破干旱区农业发展缺水瓶颈，应积极探索农业生产应对水资源变化的适应性技术策略。

3.1.3.4 对生态系统的影响

（1）对植被多样性和群落演替的影响

近几十年来，新疆气温呈上升趋势，地表径流发生改变，使塔里木河流域植被组成和结构发生了一系列有规律的逆向演替。首先是草本植物的退化，其次是胡杨的退化，最后为灌木的退化（王让会和樊自立，2000），植物群落的逆行演替过程表现为乔灌草群落阶段→乔灌群落阶段→乔木或灌木群落阶段（刘加珍和陈亚宁，2002）。代表性的是，20世纪50年代在塔里木河下游的英苏附近，草甸植被是主要植被类型，其次为柽柳灌丛，并有较大面积的芦苇沼泽分布。然而，随着气候的变化和人类干扰，目前英苏草本因无法适应环境而消失殆尽，仅残存长势衰败的柽柳灌丛（Zhao et al.，2006）。

（2）对生态系统功能的影响

《中国西部环境演变评估综合报告》指出（秦大河，2002），气候变化对西部绿洲有不同程度的影响，降水和出山径流可能增加，天然植被净初级生产力有所增加。但流域内地表水的增加主要集中在山区，绿洲和荒漠的降水仍然较少，其有限的增加并不能改变整个流域的基本面貌，考虑到流域地表水蒸发、潜水蒸发及植物蒸腾的加剧和人类活动导致的干流径流减少，地下水位不断下降，土地沙漠化速度不断加快，天然植被，尤其是河流下游的荒漠天然植被，其净初生产力将随着气候变化导致的地下水埋深的减少和土壤沙化加剧呈衰退趋势。

（3）对荒漠化影响

在塔里木河中下游，由于水资源的匮乏和气温的逐渐升高，植被不断衰退；中下游地区沙化土地面积不断扩展（杨健和华贵翁，1998）。河道水质盐化和盐碱化土地加剧，荒漠化危害日趋严重，且荒漠化强度提高，从发展趋势上看不可逆转。从长期来看，随着冰川消融进一步加剧，冰川面积严重萎缩，从而使气候更加干旱，尤其是极端干旱、荒漠化土地面积巨大的西北干旱区，荒漠化对气候变化的反馈作用更明显。

3.1.4 适应冰川加速消融的对策建议

3.1.4.1 转变发展和管理理念

从"重发展、轻生态"向"重生态、促发展"转变，在维护区域生态安全的基础上，促进经济社会发展。叶尔羌河、阿克苏河、疏勒河等流域，即使冰川水资源呈增加趋势，也需未雨绸缪，将生态建设放在优先地位，否则，在冰川进一步退缩并导致水资源大幅减少时，水资源不能支持过于膨胀的发展规模，类似于塔里木河尾闾地区和石羊河下游民勤等地区的"人退沙进"等过度开发的恶果必然会出现，从而危及全国的生态安全。因此，以流域为单元，实施严格的水资源集成管理，突出现有或拟建水资源工程管理措施的生态功能，逐步推动西北干旱区发展向以生态健康为主要约束性指标的模式转变。

从"短时应急管理"向"长-中-短时集合管理"转变。在长期宏观发展战略层次上，应充分考虑气候及冰川变化预估的不确定性，审慎地制定区域水资源开发利用、生态环境保护及经济社会发展的相关政策；在中尺度时段上，应划定冰川加速消融影响区域，对区域水资源安全进行风险评估，并据此优化产业与水利工程布局；在短尺度时段上，应制定水资源调度及冰川灾害防治的应急预案。

从"单一事件应对"向"区域多过程的统筹协调"转变。应综合考虑冰川融水资源的开发利用与冰川灾害的防治，加强内陆河流域上下游、左右岸等不同区域及不同部门之间的协调配合，促进冰川融水资源的高效安全利用。

3.1.4.2 加强适应气候与冰川加剧消融的能力建设

增强应对冰川融水加剧背景下干旱区流域水资源综合调度管理能力。将严格水资源管理作为西北地区加快转变经济发展方式的战略举措，以建立用水总量控制制度、用水效率控制制度、水功能区限制纳污制度、水资源管理责任和考核制度为重点，以水量分配、水资源论证、取水许可、水资源费征收、计划用水、入河排污口管理等为手段，逐步建立最严格水资源管理制度的框架体系和监管体系，强化水资源监测计量统计等基础建设，提高内陆河流域的水资源综合调度管理能力。

提升应对冰川灾害加剧的风险管理能力。根据现有认识水平，制定适宜预案，提高对于冰湖溃决洪水、春季融雪洪水、冰川洪水泥石流等灾害风险的管理和应急处理能力。重点路段，根据冰川灾害发展趋势，提高预防冰川灾害的工程等级；叶尔羌河与阿克苏河，提高水利工程设计标准，预防特大冰川湖溃决突发洪水危害。特别是应加强卫星遥感及气象、水文等地面站网的基础设施建设，提高对于极端气候灾害叠加冰川灾害的预警预报能力。

3.1.4.3 加强监测和试验示范研究

通过加强该领域的监测和试验示范，研究降低对气候和冰川融水变化预估的不确定性，寻求面向冰川加剧消融、水资源变化与冰雪灾害变率增加的综合适应对策。

依靠科技合理利用冰川融水，做好生态用水和经济开发用水的平衡。研究西北干旱地区水消耗情况、生态用水需要、用水结构与用水效益，探究气候变化对冰川融水的影响，提出保护生态、合理利用水资源的冰雪水文理论、水利工程技术和管理政策措施。

强化监测和研究，提升冰川水资源变化的预估水平，尤其是冰川融水拐点的深入研究。现阶段对于未来气候变化情景的预估以及寒区冰雪冻土水文过程的预报能力仍不能满足现实需要。因此，迫切需要以流域为单元，建立相对完善的气象、水文、冰川等监测网络，获取关键的定位观测数据，并大力发展冰川动态变化的遥感监测，提升寒区水文要素变化对于水资源影响的认识水平，降低西北干旱区水资源变化预估的不确定性。

强化水资源综合调配（包括工程与非工程措施）与灾害防治关键技术研

究。开发适合严寒和高温环境，集合数据采集、传输和分析为一体的水资源监测与管理关键技术。现阶段应重点开发适合高寒山区和极端干旱地区气象水文要素、地下水、植被生态等关键要素监测的各类传感器和实时传输技术，重点流域建立天地一体化监测与数据传输系统；发展耦合大气–植被–土壤过程的水文模型，提升水资源与洪水灾害的预报能力；开展综合来水与需水的面向社会经济和生态建设的水资源配置管理系统应用与示范，针对内陆河流域地表水、地下水等常规水资源与中水、再生水等非常规水资源及应急水源，进行多时间尺度的综合调配试验，在不断完善的基础上向各个内陆河流域推广应用。

3.2 水资源适应气候变化的策略研究

黄河流域处于中纬度地带，受大气环流和季风环流影响的情况比较复杂，流域内不同地区气候差异显著，气候要素的年、季变化大。近年来在全球气候变化背景下，黄河流域的气候也发生了较大变化，而且深刻影响了流域水资源系统，因此必须采取有效的对策和措施提高流域水资源适应气候变化的能力（夏军等，2001；何霄嘉，2017）。

3.2.1 黄河流域气候变化事实

气候变化对黄河流域水资源的影响呈现出非线性和复杂性特征，在过去的几十年内，黄河流域降水量、径流量发生了较大的变化。近年来，黄河水资源总量明显减小，洪涝灾害更加频繁，干旱灾害更加严重，极端气候现象明显增多，高温、干旱、强降水等极端气候事件有频次增加、强度增大的趋势。

（1）气温变化

气温升高趋势明显。研究表明，1951～2010 年的 60 年间黄河流域气候发生了显著变化。2000 年以来黄河流域平均气温为 10.2℃，较 20 世纪 50 年代的 8.7℃上升了 1.5℃，年均升温 0.025℃，高于全球和全国变暖的总体水平。

从分区来看，黄河中下游气温上升较河源区和上游明显。1951 年以来黄河流域分区气温变化见图 3-3。

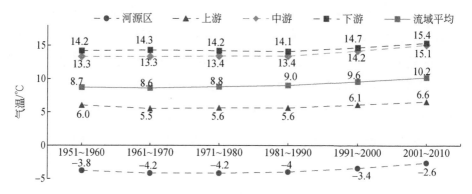

图 3-3　黄河流域气温变化（1951～2010 年）

（2）降水量变化

降水量略有减小。从 1951～2010 年黄河流域多年平均降水量变化（表 3-1）来看，降水量总体呈减小趋势、时空差异进一步加大。1951～1980 年多年平均降水量为 457.6mm，1981～2000 年多年平均降水量为 437.0mm，减小了 4.5%。从分区来看，中游降水量减小幅度最大，河源区降水量变化不明显。

表 3-1　黄河流域多年平均降水量变化　　　　　　　　（单位：mm）

年份	河源区	上游	中游	黄河流域
1951～1980	483.3	392.4	460.9	457.6
1981～2000	488.6	383.1	440.1	437.0
2001～2010	487.6	378.8	443.3	443.1

（3）蒸发量变化

水面蒸发增强。据黄河流域主要气象站观测的蒸发数据显示，1951～2000 年多年平均水面蒸发量为 1131.7mm，2001～2010 年为 1150.9mm，增大了 1.7%，其中河口镇至龙门区间水面蒸发量增强最为显著，增大了 2.4%。

3.2.2 气候变化对黄河流域径流、地下水和洪涝灾害的影响

（1）河川径流量减小

黄河河川径流以降水补给为主，降水、蒸发的变化驱动了河川径流量的变化。根据黄河典型水文站 1951~2010 年天然径流系列分析，利津站 1981~2000 年、2001~2010 年年均径流量分别比 1951~1980 年减小 11.9%、20.6%，上游唐乃亥站、中游头道拐站和下游花园口站多年平均径流量均表现出不同程度的减小（张学成等，2006），见表 3-2。

表 3-2　黄河典型水文站不同时期多年平均径流量变化（单位：亿 m³）

年份	唐乃亥	头道拐	花园口	利津
1951~1980	202.82	336.16	550.76	553.27
1981~2000	198.66	313.20	486.20	487.51
2001~2010	179.85	287.16	437.98	439.13

（2）空间变化差异大

径流量变化的空间差异较大。黄河上游大通河径流量无明显变化，湟水径流量略有增大；中游无定河、渭河、汾河径流量 2001~2010 年与 1951~1980 年相比分别减小了 28.4%、26.1%、56.9%，呈显著减小趋势；下游大汶河径流量变化较大，但没有显著性变化趋势；上游唐乃亥站、中游头道拐站和下游花园口站径流量均有不同程度的减小（薛松贵等，2013；金君良等，2013）。黄河主要支流控制站不同时期的径流量变化见表 3-3。

表 3-3　黄河主要支流站点不同时期径流量变化　（单位：亿 m³）

年份	大通河享堂站	大夏河民和站	无定河 白家川站	汾河河津站	渭河华县站	大汶河戴 村坝站
1951~1980	28.33	20.31	14.51	26.48	90.91	18.20
1981~2000	29.67	20.78	10.88	17.11	79.16	13.44
2001~2010	28.82	22.82	10.38	11.41	67.18	19.04

（3）地下水资源量减小

气候变化引起潜水蒸发损失增大、地下水资源量减小，由山丘区地下水出渗形成的河川基流量减小是黄河地下水资源量减小的重要证据。分析表明，黄河流域 1981~2000 年河川基流量年均为 221.32 亿 m^3，较 1951~1980 年的 269.68 亿 m^3 减小了 48.36 亿 m^3。

（4）旱涝灾害频率和强度增大

旱涝灾害（尤其是干旱灾害）是黄河流域主要的自然灾害类型。随着全球气候变暖趋势加剧，黄河流域旱灾呈现出发生频率和强度增大的变化趋势，局部洪灾增加、小水大灾凸显，极端情形下流域大灾、特大灾害发生的概率、时空分布及不确定性增大。据统计资料显示，从公元前 1766 年到 1944 年的 3710 年中，有历史记载的旱灾就有 1070 次，北宋以来黄河流域旱灾呈增加趋势。1997 年的旱灾不仅造成农作物大量减产，而且黄河下游的断流天数、断流河长均创历史记录；2000 年以来，黄河流域旱灾几乎连年发生，其中 2008 年冬季至 2009 年春季的特大干旱影响面积达 753.33 万 hm^2。

3.2.3 气候变化对黄河流域水资源供需的影响

气候变化通过对水资源系统各个要素的作用，进而影响流域水资源供需形势，改变水资源安全格局。气候变化对黄河水资源影响主要表现在对各用水需求项、各种水源可供水量以及极端水文事件等方面。气候变化带来的极端天气事件发生的频率和强度变化，不仅大大增强了黄河流域灾害的风险、使水资源供需矛盾更加尖锐，而且给本已短缺的黄河水资源带来更大的挑战（夏军等，2014）。

（1）黄河水资源供需形势

据预测，不考虑气候变化因素影响，2020 年黄河流域需水量为 521.13 亿 m^3；通过积极挖潜后，地表水、地下水以及非常规水源的总供水量为 445.81 亿 m^3（不包括向流域外供水量 92.80 亿 m^3）。因此，流域缺水量为 75.32 亿 m^3，缺水率为 14.5%。2030 年，黄河流域需水量将增加到 547.32 亿 m^3，流域可供水总量为 443.18 亿 m³（不含向流域外供水量 92.42 亿 m³），流域缺水量将达到 104.14 亿 m³，将严重影响流域的供水安全（黄河水利委员会，2010）。不同水平年黄河流域水资源供需形势分析见表 3-4。

表 3-4　不同水平年黄河流域水资源供需形势分析　（单位：亿 m³）

水平年	流域需水量					流域可供水量				缺水量	向流域外供水量
	农业	工业	生活	生态环境	总需水	地表水	地下水	非常规水源	合计		
2020	361.80	112.20	41.19	5.94	521.13	309.68	123.70	12.43	445.81	75.32	92.80
2030	364.24	126.73	48.89	7.46	547.32	297.54	125.28	20.36	443.18	104.14	92.42

（2）气候变化对需水的影响

1）气温升高对农业需水的影响。农业是黄河流域的第一用水大户，年均用水量在 360 亿 m³ 左右，占流域总用水量的 75% 以上。气候变化对于农业需水的影响主要体现在气温升高带来的作物需水变化以及降水变化导致的作物利用有效降水的变化两方面。研究表明，气温升高将导致农业需水量增加。气温升高 1℃，我国北方地区农业需水量增加 5%~10%（周曙东等，2013）；西北和华北地区温度升高 1~4℃，冬小麦的需水量将增加 2.6%~28.2%，夏玉米需水量将增加 1.7%~18.1%，棉花需水量将增加 1.7%~18.3%。不考虑种植结构变化的情况下，整个华北地区净灌溉水量将增加 21.9 亿~276.1 亿 m³。按照气温升高 1℃ 农业需水量增加 2% 测算，黄河流域农业需水量将增加 7.2 亿 m³。

2）气温升高对工业需水的影响。工业需水主要包括参加工业加工过程的工艺需水，调节室内温度、湿度的空调水以及用水设备降温的冷却水（王浩等，2016）。冷却水约占工业需水量的 60%，气温升高会导致进入冷却系统的原水水温升高，降低冷却效率，增大冷却用水的需求量。据有关资料，基于我国现有的冷却效率，初步估计气温每升高 1℃，全国工业冷却需水量增加 1%~2%。按照气温升高 1℃ 工业需水量增加 1.5% 测算，黄河流域工业需水量将增加 1.8 亿 m³。

3）气温升高对生活需水的影响。随着气温升高，居民生活需水中饮用水、洗衣、洗澡等需水量都会有所增加。通过典型地区气温与月需水量的关系，初步分析气温变化对于生活需水的影响。按气温每升高 1℃ 生活需水量增加 3% 测算，黄河流域生活需水量将增加 1.3 亿 m³。

4）气温升高对生态环境需水的影响。黄河流域河道外生态环境需水主要指农村和城镇的生态环境建设需水量，因此气温升高对河道外生态环境需水的影响可参照对农业的影响测算，气温升高 1℃ 黄河流域河道外生态环境需水量将增加 0.3 亿 m³。

综合以上气候变化对黄河流域需水的影响分析，按照黄河流域每 20 年气温升高 1℃ 测算，2030 年黄河流域需水量将增加 10.6 亿 m³ 左右。

（3）气候变化对流域供水的影响

根据国家重大课题研究成果（周曙东等，2013；王浩等，2016；秦大庸等，2010；王建华等，2014），在气温升高 1℃ 情况下，海河流域水面蒸发量将增加 1.00%，地表水资源量减小 4.26%，不重复地下水资源量减小 18.91%，水资源量减小 8.48%，见表 3-5。

表 3-5   气候变化对海河流域水资源量的影响   （单位:%）

情景	气温升高 1℃	气温升高 2.5℃
蒸发量	1.00	2.36
地表水资源量	−4.26	−6.29
不重复地下水资源量	−18.91	−31.33
水资源量	−8.48	−20.08

注：数值为正表示增大，为负表示减小

黄河流域与海河流域水文、气象条件相近，若参照表 3-5 并按每 20 年气温升高 1℃ 测算，2030 年黄河流域水资源量减小 41.6 亿 m³，其中：地表水资源量减小 21.4 亿 m³，不重复地下水资源量减小 20.2 亿 m³。黄河可供水量是黄河径流量扣除河道内生态环境需水量以及不可控制的洪水量，因此在气温升高、径流减小的情况下，黄河可供水量也必然减小。在气候变化影响下，洪水发生规律也将出现变化，导致洪水调控难度加大，也将影响黄河可供水量。

（4）气候变化对水资源供需影响综合分析

受气候变化影响，黄河流域需水量增大而可供水量减小，因此流域水资源供需矛盾更加尖锐，缺水量进一步加大。按每 20 年气温升高 1℃ 测算，2030 年黄河流域总需水量将增大到 557.93 亿 m³，而可供水量将减小为 401.58 亿 m³，流域缺水量将达到 156.35 亿 m³，缺水率高达 28.0%，流域水资源安全将面临严重挑战。

3.2.4 黄河流域水资源适应气候变化的策略

气候变化将对黄河流域的水资源系统产生深刻影响，适应气候变化必须将水资源常规调度与应急管理相结合，提高水资源管理能力和调控水平。

1）严格水资源管理，合理控制需水增长。黄河流域水资源短缺，气候变化背景下水资源量减小，进一步加剧水资源供需矛盾。近年来，国家推进"一带一路"战略，涉及黄河流域陕、甘、宁、内蒙古、青 5 个省（自治区），产业布局加快带动水资源需求强烈、用水增长迅猛，进一步加剧了流域水资源供需矛盾。实施最严格的水资源管理制度、落实"三条红线"是黄河流域应对气候变化的必然选择，在流域层面要制定取水总量控制红线、严格控制超指标用水，制定与水资源承载能力相适应的生产规模和布局，控制用水量不合理增长；实施用水效率红线，科学设定用水效率门槛，实施定额管理，限制高耗水产业进入黄河流域；根据河流水功能区纳污能力的变化，设置污染物入河量控制红线，加强水功能区管理，保障河流的生态环境功能。

2）推广节水技术，提高流域用水效率。在需求的驱动下，用水效率越低势必造成越大的取水量和越多的污染物排放量。气候变化背景下，流域水资源脆弱性增大，缓解供需矛盾、改善生态环境都需要减小取水、控制排污，关键是实施源头控制、提高用水效率，实现用水的减量化和合理化。黄河流域现状水资源利用效率不高，农业灌溉水利用系数仅为 0.5，工业用水重复利用率仅为 70% 左右。要加快流域节水型社会建设，推广节水技术，研发旱作、非充分灌溉以及生物节水技术，开发适应干旱半干旱地区智能化的灌区综合节水技术、经济适宜的工业节水减排工艺以及城市生活水循环利用技术，形成流域节水集成系统；在管理方面探索新的水价机制，完善流域水资源高效利用管理模式。

3）优化配置，提高水资源承载水平。黄河现行的"87 分水方案"是根据 20 世纪 80 年代的黄河水资源条件，明确各省（自治区）引黄的分水指标，曾对黄河水资源的合理利用及节约用水起到了积极的推动作用。由于近几十年来黄河水沙情势、开发利用格局及工程布局均发生了重大变化，水需求形势变化以及南水北调中线、东线通水后外围环境变化构成了新的变化环境，因此需要重新审视"87 分水方案"的适应性，并提出适应新变化环境的配置方案。根据新的需水形势，通过开展跨区域的农业水权转换等途径，提高农业用水效率，协调不同地区的用水关系，将水资源配置到边际效益较高的地区和部门，完善水沙综合调控体系，提高黄河输沙效率，减小输沙占用的黄河水量，提高水资源对经济社会的支撑能力。

4）科学调度，提高工程调控能力。黄河流域水资源具有时空分布不均、枯水时段长的特征，气候变化影响下河川径流年际年内变幅加大，不确定性增大，调控难度增加，利用已建工程"蓄丰补枯"提高径流资源的调控能力是增加可供水量的有效途径。目前黄河干支流已建大型水库 20 余座，总库容 700 多亿 m^3，远超黄河的河川径流量。黄河干流已形成龙羊峡、刘家峡、万家寨、三门峡、小浪底 5 座水库构成的骨干水库群，具备工程调蓄能力。目前急需科学规范水库群蓄泄秩序和规则，合理安排水库蓄水和放水，开展大型水库旱限水位控制、汛限水位优化以及梯级水库调度等工作，针对气候变化影响的不确定性以及径流随机性，开展风险调度等基础研究，以减缓气候变化对流域径流减小和极端水文事件的影响。

5）加大非常规水源利用，形成多源互补的良性格局。黄河流域水资源利用过度依赖常规的地表和地下水源，造成水资源过度开发问题突出。一方面，近 20 年黄河流域径流消耗率达 70%，挤占了河道内生态环境需水量；地下水开采量达到 140 亿 m³，部分地区已超过地下水允许开采量，造成大面积地下水降落漏斗。另一方面，流域广泛分布的再生水、微咸水、苦咸水、矿井水、雨水等非常规水资源一直未得到有效利用。为提高流域应对气候变化的能力，必须加大对非常规水源的利用力度，构建多源互补、丰枯调剂的水资源利用格局。

6）加强应急管理，提高应急调度的能力。历史上黄河流域就是洪涝频发、水旱灾害严重的流域。气候变化影响下，黄河流域极端水文和气象事件呈现出不确定性和突发性特征，频率和强度均有所增大。提高应对能力必须加强预警预报能力，首先应识别极端事件发生、发展规律，建立一套科学评价指标，做好对极端事件的预报工作；其次必须制定一套合理的极端事件应急处置调度预案，为应对极端事件提供行动指南；另外要建立一套规范的制度，保障应急调度能够得到有效执行。

7）实施外流域调水，改善黄河流域缺水局面。黄河水资源供需矛盾短期内可通过开展水资源优化配置、加强水资源管理来缓解，但从长期来看，根本解决水资源总量不足问题的出路在于实施跨流域调水补充黄河水源，并通过调水的合理配置提高水资源承载能力。加快南水北调西线工程建设，向黄河源头补水，是缓解黄河、西北地区水资源短缺，改善生态环境的重大战略举措，根据目前研究成果每年调水 80 亿 m³，调入水量通过黄河水库调节，可大大改善黄河水资源短缺、时空分布不均问题。

8）加大水资源保护力度，提高生态环境质量。水资源是一定量和质的组合，水环境恶化常常导致水体的功能丧失。据评价，黄河干支流 230 个水功能区中，符合水质目标的仅有 126 个，有 5630.8km（占评价河长的 27.4%）为劣 V 类水质，并且支流污染呈现整体恶化态势。气候变化导致流域水环境问题更加突出，必须加强河流水质管理，根据水功能区水环境容量，严格控制污染物入河量，实施水质水量一体化配置与调度管理，确保水功能区水质达标。

9）加强水土保持，改善流域水循环。黄河流域尤其是中游土壤侵蚀严重，20 世纪 60 ~ 70 年代年均入黄泥沙为 16 亿 t 左右，一方面造成下游河道淤积，另一方面输送泥沙占用了大量水资源。泥沙问题是黄河治理的重大战略问题，影响水资源的开发利用。通过实施半个多世纪的水土保持，入黄泥沙呈减少趋势。持续开展水土保持，可使入黄泥沙量进一步减小，从而减小输沙用水量，增加流域经济社会发展的可供水量。

10）深化国际合作，开展适应气候变化研究。气候变化对水资源管理影响广泛，必须以维持黄河健康生命为主线，不断探索科技合作与创新管理模式，采取多部门联合协作，信息共享，协同行动，共同应对气候变化带来的水安全挑战；积极开展国际交流与合作，充分吸收国际先进技术和经验，不断提高我国抗旱减灾科技水平。

综上所述，黄河具有水少沙多、水沙异源、水沙关系不协调等特征，有限的水资源还要担负输沙任务，现状水资源开发利用已超过水资源承载能力。气候变化背景下，需水量将有所增加、可供水量将进一步减小，黄河水资源供需矛盾日益突出，黄河水资源短缺、水旱灾害严重、生态环境恶化三大问题交织的严峻局面将进一步加剧。在当前工作中应科学认识气候变化条件下黄河流域水资源面临的问题，采取科学的适应策略；加强水资源管理和高效利用，增强水资源综合调控和管理能力；努力将气候变化的负面影响降到最低，并充分利用和发挥气候变化的正面效应。

3.3 我国生物多样性适应气候变化策略研究

生物多样性是生物与环境形成的生态复合体以及与此相关的各种生态过程的总和，包括生态系统、物种和基因三个层次。生物多样性是人类赖以生存的条件，是经济社会可持续发展的基础，是生态安全和粮食安全的保障。我国是世界上生物多样性最为丰富的 12 个国家之一，由于受人类活动的影响，生物多样性受到严重威胁，而且大幅降低生物多样性丧失速度的目标都没有实现。据估计，我国野生高等植物濒危比例达 15%～20%，其中，裸子植物、兰科植物等高达 40% 以上。野生动物濒危程度不断加剧，有 233 种脊椎动物面临灭绝，约 44% 的野生动物呈数量下降趋势，非国家重点保护野生动物种群下降趋势明显（《中国生物多样性保护战略与行动计划》编写委员会，2011）。全球气候变化已成为一个不争的事实，越来越多的证据表明，气温升高、降水格局变化及其他气候极端事件对生物多样性造成明显影响。全球气候变化背景下生物多样性的丧失不仅影响生态系统的结构、功能和稳定性，而且也将影响到生态系统为人类社会提供生态产品和服务的功能以及生态系统对气候变化的反馈调节功能（牛书丽等，2009）。因此，气候变化不仅给人类社会可持续发展带来严峻挑战，而且严重威胁到生物多样性及生态安全。面对气候变化的不可逆性，生物多样性如何适应气候变化带来的不利影响，是《生物多样性公约》和《联合国气候变化框架公约》以及各国国内必须面对的问题，已经受到国际社会越来越强烈的关注，成为全球环境领域的研究热点和政治焦点之一。本节研究试图通过气候变化对生物多样性的影响事实，在分析国外生物多样性适应气候变化策略的基础上，结合我国生物多样性保护的实际情况，研究我国生物多样性适应气候变化的策略，为我国生物多样性保护和适应气候变化提供依据（何霄嘉等，2012）。

3.3.1　气候变化对中国生物多样性的影响

明显的气候变化已经对物种及生态系统层面的生物多样性造成了不利影响，而更多的气候变化将不可避免地进一步改变生物多样性。与全球情况类似，气候变化对我国生物多样性产生了一定影响。气候变化对生物多样性的影响不仅表现在物种水平上，也扩展到了生态系统水平上，包括影响生态系统结构（如优势种、物种组成）和功能（如生产力、分解、养分循环）等。

（1）气候变化对我国的动物分布、行为和迁移产生影响

已经观察到大量气候变化对动物分布、行为和迁移产生影响的案例。如与 20 世纪中期相比较，青海湖有豆雁（*Anser fabalis*）、灰头鸫（*Turdus rubrocanus*）、白头鹞（*Circus aeruginosus*）等 26 种鸟类从湖区消失；近 20 年来，气候变化使我国 120 种鸟分布范围改变，其中东洋界的 88 种，古北界的 12 种，广布鸟类 20 种（Du et al.，2009）；绿孔雀（*Pavo muticus*）在历史上分布于湖南、湖北、四川、广东、广西和云南，由于气候变化和人类活动影

响，目前仅分布在云南西部、中部和南部；华南梅花鹿（*Cervus nippon kopschi*）在 20 世纪 30 年代广泛分布在东部，由于人类活动和气候变化，目前分布范围极大减小（气候变化国家评估报告编写组，2007）；青海省大杜鹃（*Cuculus canorus* Linnaeus）物候有提早趋势，绝鸣期均推迟，始、绝鸣期间隔日数延长（祁如英，2006）；气温上升，使郑州黄河湿地鸟类多样性呈上升趋势，部分东洋种鸟类分布区向北扩散到郑州黄河湿地（李长看等，2010）。

（2）气候变化引起植物物候、植被和群落结构等发生变化

已经观察到大量气候变化引起植物物候、植被和群落结构等发生变化的事实。1985～2005 年气候变化使甘肃省玛曲县华灰早熟禾（*Poasinoglauca*）抽穗期、开花期、成熟期、黄枯期提前（姚玉壁，2008）；气候变暖使长白山岳桦—苔原过渡带中岳桦分布主要以幼苗和幼树为主，整个岳桦种群整体向上迁移，岳桦—苔原过渡带变宽，岳桦向苔原侵入程度加剧（周晓峰等，2002）；贺兰山东西两侧腾格里与毛乌素两大沙漠南缘带植被覆盖随降水与气温变化而随之变化（马安青等，2006）；黑龙江省 1961～2003 年气候变化造成分布在大兴安岭的兴安落叶松及小兴安岭及东部山地的云杉（*Picea asperata* Mast.）、冷杉（*Abies fabri*（Mast.）Craib）和北美红杉［*Sequoia sempervirens*（Lamb.）Endl.］等树种的可能分布范围和最适分布范围均发生了北移（刘丹等，2007）。

（3）气候变化使生态系统结构和功能发生的变化

气候变化使生态系统结构和功能发生变化，导致脆弱的生态系统功能退化。20 世纪 60 年代以来，青藏高原江河源区草地和湿地区域性衰退，出现草甸演化为荒漠，高寒沼泽化草甸草场演变为高寒草原和高寒草甸化草场等现象（严作良等，2003）；青海省干旱半干旱区，气候变暖加剧牧草的生长发育受阻，产草量下降，同时，优良牧草在草场中的比例下降，杂类草的数量和比例上升，草场朝不良方向演替，呈现退化趋势；1971～2000 年近 30 年来若尔盖湿地暖干化趋势明显，导致湿地的地表水资源减少，湿地面积大幅减少、沼泽旱化、湖泊萎缩，并且加速了草地退化和沙化，使生物多样性丧失，出现湿地环境逆向演变的趋势（郭洁和李国平，2007）。

（4）气候变化加剧有害生物危害，增加珍稀濒危物种灭绝风险

气候变化和人类活动的叠加，导致有害生物范围改变、危害加剧，也增加了珍稀濒危物种的灭绝风险。病虫害爆发的频率和面积都将伴随气温的升高而增加和北迁（Zhao et al.，2003）；气温升高增加森林中的病虫害，例如油松毛虫已由原来的河北，山西和向内蒙古迁移，白蚁也由热带和亚热带扩展到北京，天津等温带地区（Zhao et al.，2003）。像非典型肺炎，禽流感等影响野生哺乳动物和人类生命的传染性疾病发生的频次和范围将伴随气候变化而增加（Lin et al.，2007）。气候变暖使入侵植物加拿大一枝黄花入侵范围增加（吴春霞和刘玲，2008）。气候变化，特别是极端气候事件的发生，加剧了珍稀濒危物种的灭绝风险，例如，西双版纳的傣族"龙山"在过去的 30 年中有 55 种物种灭绝（牛书丽等，2009）。由于气候变化，新疆准噶尔盆地南缘的天然梭梭群落初萌植物幼苗大量夭亡、梭梭种群年龄结构普遍呈现衰退（黄培祐等，2008）。

3.3.2 未来气候变化对中国生物多样性的风险

气候变化是威胁生物多样性的一个主要因素，预计到本世纪中期，变化的温度和降水将成为生物多样性丧失的主要驱动力（Sala et al.，2000）。因此，未来气候变化将进一步对我国生物多样性产生更深刻影响，包括对生物物候、分布范围、种间关系、栖息地、生态系统、有害生物等都将产生影响（Fuller et al.，2008）。许多模型预测结果显示未来气候将促使北美和欧洲的许多植物、昆虫、鸟和哺乳动物向北或高处迁徙（Virkkala et al.，2008；Lenoir et al.，2008）。在中国，鹅猴羚（柴达木盆地）、鹅猴羚（南疆亚种）、草原斑猫、蒙古野驴、石貂、野骆驼目前分布区东部、东北和南部一些区域范围将缩小，新适宜分布范围将向西面和西北方向扩展（吴建国，2011）。已有很多模型用于预测各种气候变化情景对我国植被的影响（Zhang and Zhou，2008），结果表明我国的植被分布模式将发生改变，尤其是其原有的优势种可能灭绝或者被适应于新的气候条件的其他物种取代（He and Hao，2005），例

如到本世纪末，东北的落叶松将消失（Leng et al., 2008），红松、云杉和冷杉将彻底被阔叶树种替换（He and Hao, 2005）。

未来的气候变化将使一些物种灭绝。未来气候变化将使一些物种分布范围极大缩小或破碎化，还将通过食物链对濒危物种造成间接影响，使物种脆弱性增加，进一步将导致物种灭绝风险增加。低气温变化情景下（温度升高0.8~1.7℃）下全球将有18%物种灭绝，中等变化情景（温度升高1.8~2.0℃）将有24%的物种灭绝，较高变化情景下（大于2.0℃）将有35%的物种灭绝（Thomas et al., 2004）。

3.3.3　我国生物多样性适应气候变化的策略建议

生物多样性适应气候变化是指生物多样性各要素应对气候变化影响的脆弱性所进行的各种调整过程、行为和措施及活动，包括自然适应和人为适应（吴建国等，2009）。面对气候变化对生物多样性带来的不利影响越来越明显，世界各家和相关组织越来越意识到制定适应策略和采取适应行动，已经越来越迫切。目前，已经在国家或区域层面等采取了一系列的生物多样性适应气候变化的策略，如芬兰、澳大利亚等国制定了生物多样性适应气候变化的国家战略，在自然保护区的保护和管理（Hannan and Hansen, 2005；Jonathan et al., 2009）、物种的保护管理（Hoegh-Guldberg et al., 2008）、生物多样性的监测和规划（Jonathan et al., 2009；Adger et al., 2003）以及政策法律（Lovejoy, 2005）等方面都具有不同的适应策略。在分析国外适应策略的基础上，结合我国生物多样性保护的现状和需要，提出我国生物多样性适应气候变化的策略建议。

（1）制定生物多样性适应气候变化的国家战略

《生物多样性公约》缔约国大会多次强调国家生物多样性适应战略，世界上很多国家已经制定了生物多样性适应气候变化的国家战略和规划，用于指导生物多样性应对气候变化，如荷兰制定了《生物多样性气候变化适应战略》，澳大利亚制定了《国家生物多样性和气候变化规划》等。我国也应尽快制定中国生物多样性适应气候变化的国家战略,从国家层面上指导生物多样性适应气候变化的工作。

在生物多样性适应气候变化国家战略中,需要加强退化生态系统的恢复与重建,包括通过种植适应性较强的先锋物种,人工启动演替,配置优化结构的群落,逐步恢复植被,降低气候变化对自然生态系统影响的风险(科学技术部社会发展科技司和中国 21 世纪议程管理中心,2011);加强生物多样性适应气候变化优先区的保护力度,综合我国未来气候变化的情景分析、有关气候变化影响与我国生物多样性脆弱性关联度的分析,确定我国生物多样性适应气候变化的优先区域,加大保护力度,包括受气候变化影响严重的我国北部与西部地区与生态系统本底脆弱区的叠加区域、青藏高原、西南山地的高海拔地带、西北和西南的河流、湖泊和湿地等淡水生态系统等;需要加强国际合作和交流,通过国际合作,共同行动,共同适应气候变化,并在行动中互相学习各方研究成果和经验。

(2)加强气候变化对生物多样性的影响监测,提高生物多样性适应气候变化的科技支撑能力

长期以来我国在生物多样性保护和管理方面缺乏系统的监测,特别是缺乏对气候变化影响监测的针对性,无法有效开展适应性的管理和实施保护对策。因此,急需开发气候变化对生物多样性影响的监测技术,建设监测网络;建立动态监测、分析预测和决策支持的体系,特别是对变化敏感的(脆弱的)生态系统、敏感种和关键种、引起经济重要变化的物种和重要的生态系统服务功能进行监测;评估气候变化对我国重要生态系统、物种、遗传资源及相关传统知识的影响。

为有效适应气候变化,需要加强生物多样性应对气候变化的基础研究,包括加强气候变化对不同生态系统和不同类型物种响应的机制、风险评估和响应研究;在生物多样性保护和自然保护区管理中建立适应气候变化的技术体系,研究气候变化脆弱物种的就地保护、迁地保护、栖息地恢复保护技术;研究气候变化影响栖息地的恢复和保护技术及其对策;对保护区周边进行监测管理,建立保护区灾害防御体系。

（3）加强物种的就地保护和迁地保护，增强自然保护区适应气候变化的能力

针对气候变化对物种局地影响脆弱性增加，开展物种就地保护，增强物种在原分布区的适应能力。加强珍稀濒危物种的繁育，扩大珍稀濒危物种的种群数量，提高自然适应能力。针对气候变化将引起一些濒危物种灭绝的风险，建立物种遗传保护对策，增强濒临灭绝物种的适应能力。针对气候变化将使物种适应新栖息地，开展物种迁地保护，帮助物种适应气候变化的不利影响（《第二次气候变化国家评估报告》编写委员会，2011）。

科学规划和建设自然保护区，把适应气候变化对策纳入自然保护区管理目标中，增强自然保护区适应气候变化的能力。自然保护区是生物多样性保护的有效途径，截至2010年，全国已经建立各种类型、不同级别的自然保护区2588个，陆地自然保护区面积约占陆地面积的14.9%。我国自然保护区规划和设计主要依据典型性、多样性、稀有性、自然性、脆弱性等方面确定，并没有考虑气候变化下各个特征的变化。为了适应气候变化，在规划设计中必须根据气候变化对保护区保护功能和各个特征的潜在影响，选择有代表性的范围与区域，合理划分核心区、缓冲区和外围区，并且考虑使保护区能够在目前和将来都能有效保护生物多样性，使物种或生态系统新适宜范围与以前适宜范围保持一定的连通性，在现有保护区系统的基础上，建立保护区之间廊道，发展保护区群和保护区网络，在保护区管理目标和战略中都需要考虑适应气候变化。

综上所述，随着人类文明的进步，人类生活生产活动对全球气候变化产生的影响愈来愈明显。全球气候变化是一个不可逆的过程，它给地球生态系统带来巨大的挑战。在全球气候变化的大背景下，我国生态系统的结构与功能的稳定性也接受着前所未有的严峻考验，生物多样性及生态安全方面已敲响了警钟。为了应对气候变化可能会给我国可持续发展等方面带来的诸多不利影响，我们应该及时制定并完善相应的国家战略规划，从宏观层面上指导我国生物多样性适应气候变化的工作，并且要提高气候变化对生物多样性影响的监测及物种多样性保护方面的能力，多管齐下，最大程度地维护我国物

种多样性及整体生态系统在全球气候变化过程中的结构与功能的稳定性。

3.4 海平面上升对我国沿海地区的影响及其适应对策

在全球气候变暖的背景下,极地与大陆冰山冰川融化,同时海水受热膨胀,从而导致了全球性的海平面上升。海平面上升加剧极端海洋灾害危害性、破坏近岸生态环境、加大岛屿淹没风险,这将长期影响和威胁沿海地区的经济社会发展。海平面上升虽然是一个持续、缓慢的过程,但是将对海洋灾害的频率和危害程度起到推波助澜的作用。2011年3月日本9.0级地震引发的特大海啸以及2005年8月美国新奥尔良的特大风暴潮等海洋灾害,都警示我们要居安思危,做好防范灾害和适应工作,保卫人民生命财产安全。

2010年我国海洋生产总值已达3.8万亿元,占国内生产总值的9.7%(国家海洋局,2011a),海洋蓝色经济对我国经济社会可持续发展做出重要贡献。沿海经济的可持续发展关系到国民经济发展的全局。然而随着海平面上升、风暴潮等海洋灾害加剧,以及极端气候事件频发等事实,将使得沿海地区经济社会发展成果的脆弱性加大(何霄嘉等,2012)。

3.4.1 海平面上升的观测事实及预测

3.4.1.1 观测事实

过去100年间,我国海平面上升了20~30cm(《第二次气候变化国家评估报告》编写委员会,2011)。根据沿海验潮站的海平面监测数据,20世纪80年代以来,我国沿海海平面呈波动上升趋势,平均上升速率为2.6mm/a,高于全球海平面平均上升速率。沿海各海区的海平面平均上升速率不同,其中东海和黄海海平面平均上升速率较高,达2.8mm/a,而渤海和南海为2.5mm/a。近30年,中国沿海各省(自治区、直辖市)的年代际海平面变化呈现明显的区域性差异。其中，上升最为明显的岸段是天津、山东、江苏和海南沿海，辽宁、上海、浙江、福建、广东和广西沿海次之，河北沿海上升最为缓慢（表3-6）（国家海洋局，2011b）。

表3-6 中国沿海各省（自治区、直辖市）年代际海平面变化

（单位：mm）

省（自治区、直辖市）	2001～2010 年与 1991～2000 年相比	2001～2010 年与 1981～1990 年相比
辽宁	20	55
河北	9	18
天津	31	62
山东	30	66
江苏	21	62
上海	14	47
浙江	22	46
福建	33	50
广东	20	57
广西	22	48
海南	29	69

3.4.1.2 未来预测

对沿海海平面变化趋势预估的方法主要有气候模型预估、统计拟合预估和以理论海平面上升值叠加区域地面沉降速率进行的预估等。表3-7综合了多个预估结果，虽然不同地区上升幅度差异较大，但对未来我国沿海海平面将继续上升的趋势预估是一致的，其中上升幅度最大的为长江三角洲和珠江三角洲。

表3-7 中国沿海未来海平面变化的预估

地区	2030 年	2050 年	相对年份
中国沿海	38.4～60.2	57.6～102.9	1990
中国沿海	6～25	13～50	2000

续表

地区	2030 年	2050 年	相对年份
长三角地区	22 ~ 38	37 ~ 61	1990
长三角地区	16 ~ 34	25 ~ 51	1990
珠江口地区	22 ~ 33	50	1990
江苏沿海	4.2 ~ 32.4	7.2 ~ 57.0	2000
辽河三角洲	9.5 ~ 13.1	16.2 ~ 22.5	1980

资料来源：郑文振，1996；张锦文等，2001；刘杜鹃和叶银灿，2005；施雅风等，2000；黄镇国和谢先德，2000；王艳红等，2004；栾维新和崔红艳，2004

根据 2010 年《中国海平面公报》所给出的统计预估结果，预计 2030 年、2050 年和 2100 年平均升高幅度分别为 80 ~ 130mm、130 ~ 220mm 和 230 ~ 400mm。未来 30 年中国沿海四个海区以及主要区域的海平面上升幅度（相对 2010 年海平面）的预估见表 3-8 和表 3-9。沿海各海区中，东海海平面平均上升幅度最大。未来海平面上升在渤海和黄河口三角洲、长江和珠江三角洲的某些岸段表现得十分突出。

表 3-8　中国沿海各海区海平面上升预测

海区	未来 30 年预测/mm
渤海	74 ~ 122
黄海	81 ~ 128
东海	83 ~ 132
南海	78 ~ 130
金海城	80 ~ 130

资料来源：国家海洋局，2011b

表 3-9　中国沿海省（直辖市、区）海平面上升预测

序号	沿海省（直辖市、自治区）	未来 30 年预测/mm
1	辽宁	75 ~ 119
2	河北	72 ~ 118
3	天津	76 ~ 135
4	山东	85 ~ 132
5	江苏	77 ~ 128

续表

序号	沿海省（直辖市、自治区）	未来 30 年预测/mm
6	上海	91～143
7	浙江	84～139
8	福建	76～118
9	广东	84～149
10	广西	78～116
11	海南	85～132

资料来源：国家海洋局，2011b

3.4.2 海平面上升对我国沿海地区的影响

3.4.2.1 对自然环境的影响

（1）扩大淹没范围

海平面上升对沿海地区最直接的影响是高水位时可能淹没范围扩大。中国海岸带海拔高度普遍较低，尤其是长江三角洲、珠江三角洲、环渤海周边地区，海平面小幅度的上升将导致陆地大面积存在受淹风险。预计海平面上升1m，长江三角洲海拔2m以下的1500km²的低洼地将受到严重的影响或淹没；海平面上升0.7m，珠江三角洲海拔0.4m以下的1500km²的低地将全部淹没（李平日等，1993）；海平面上升0.3m，渤海湾西岸可能的淹没面积将达10000km²（夏东兴等，1994），天津全市面积的44%将低于高潮海面，其中塘沽、汉沽全境几乎都处于淹没风险范围（韩慕康等，1994）。

（2）加剧海洋灾害威胁

海洋灾害发生频率和严重程度呈显著上升趋势，海平面上升大大加剧了海洋灾害的危害性。我国易受海平面上升影响的海洋灾害主要有风暴潮（含近岸浪）、咸潮、海岸侵蚀、海水入侵和土壤盐渍化等。海平面上升直接导致风暴潮淹没范围急剧扩大，在渤海湾西岸的沿海低洼地区，海平面上升0.5m，风暴潮淹没风险将增加50%，海平面上升同时还使得平均海平面及各种特征潮位相应增高，水深增大，近岸波浪作用增强，进一步加强风暴潮和近岸浪的强度（许富祥和吴学军，2007）；海平面上升使得咸潮上溯增强，咸界范围将逐年上升，尤其在珠江三角洲城市群，将严重影响居民生活用水、农业用水和城市工业生产等；我国目前海岸侵蚀长度约为 3708km，海平面上升还引起海岸的海流等动力情况改变，导致海岸侵蚀不可逆以及重塑海岸剖面，破坏海岸工程，削弱海岸综合防护能力；海平面上升还会导致海水入侵和土壤盐渍化更加严重，使农田原有的酸碱度发生变化，造成农田减产或不能耕种。

（3）破坏典型生态系统健康

海平面上升对滨海湿地、红树林、珊瑚礁等生态系统造成严重威胁，同时减弱了其对海洋灾害的自然防御作用，降低旅游价值。海平面上升导致了湿地陆向演化，引起我国湿地面积大幅度缩减，并威胁到湿地生态系统物种的生存；海平面上升会导致红树林浸淹死亡、分布面积减小，还会导致红树林海岸潮汐特征发生改变，红树林敌害增多等（谭晓林和张乔民，1997）；气候变暖引起的海水增温、海水酸化等均对脆弱的珊瑚礁生态系统产生影响，广西、海南、台湾、香港等海域均发生不同程度的珊瑚白化和死亡现象。

3.4.2.2 对经济社会的影响

（1）造成严重经济损失

自 20 世纪 90 年代以来，气候变化导致中国沿海海平面明显上升，海洋灾害造成的影响加剧，沿海地区各类海洋灾害造成的经济损失达年均 130 多亿元。其中，风暴潮灾害是我国最严重的海洋灾害，也是受海平面上升影响最直接的灾种之一，其造成的直接经济损失达到海洋灾害总经济损失的 95%。近 20 年来，气候变暖背景下海平面上升直接导致风暴潮灾害的淹没范围急剧扩大，同时由于水深增大，近岸波浪作用增强，使得风暴潮等海洋灾害造成的破坏力增大，沿海地区遭受的社会经济损失急剧增加。其中，2009 年共发生 32 次风暴潮过程，远大于 20 世纪 90 年代至今的平均次数。同时，沿海经济社会快速发展，虽然沿海海堤的防护能力已经有大幅度提升，但风暴潮灾害造成的经济损失整体仍呈显著上升趋势，对沿海地区的经济社会发展造成了明显的不利影响。对近 10 年《中国海洋灾害公报》数据进行统计分析，"十一五"期间，海洋灾害造成的直接经济损失达 760 多亿元，远超过"十五"期间损失的 630 亿元，海平面上升已经成为造成海洋灾害损失加剧的重要因素之一。

近年来，国家加强了对海洋防灾减灾工作的重视，海洋灾害的预报警报、防护和应急工作也日益完善和成熟，在挽救人员和经济损失方面取得了一定的成效，例如，2009 年风暴潮灾害造成的经济损失约 85 亿元，死亡约 57 人，远小于近 10 年的平均经济损失 130 亿元和平均死亡人数 85 人。但在适应海平面上升及其对海洋灾害影响加剧的紧迫形势下，不科学的填海造地会带来灾害风险、生态退化以及航道淤塞等严重问题，使沿海地区面临极端灾害时变得更加脆弱。

（2）加大沿海地区脆弱性

我国 70% 左右的大中城市集中在沿海省份，占陆地总面积 13% 的沿海地区承载了全国 40% 的人口，创造了占全国 70% 的国民经济总产值。自改革开放以来，海岸带和近海开发利用活动日益频繁，油气开采、海运交通、近岸养殖、滨海旅游等产业迅速崛起，沿岸经济技术开发区和重大海上工程建设蓬勃发展，围填海行动也日益增多，上海、天津、浙江、江苏和广东的沿海地区已经处于高强度开发状态，极大地影响了近岸海洋环境的自然规律，并带来生态退化和航道淤塞等巨大问题，在适应海平面上升和海洋灾害的紧迫形势下，沿海地区的脆弱性越来越加剧。

目前，珠江和长江三角洲、渤海周边等地区是我国经济发达、社会高度发展的地区，将面临更大的发展风险。很多地势低洼的滨海城市通过修建高大坚固的海堤预防风暴潮等海洋灾害的破坏，但同时在坚固的海堤等防护措施的保护下，会增加更多的近岸经济开发活动和相关的社会活动，反而更加剧了应对海洋灾害的脆弱性，如果一旦遭遇极端海洋灾害事件，后果将不堪设想。例如美国的新奥尔良，在 2005 年 8 月 29 日，遭受超强飓风卡特里娜的袭击，海堤被巨浪损毁，全城受淹，死亡（含失踪）人数达 2200 多人。卡特里娜飓风造成的总损失超过 810 亿美元，居美国历史之最。因此，具有较好防护措施的沿海地区存在更多的近岸经济开发活动,面对不可预想的极端海洋灾害事件甚至存在更大风险,这样反而加剧了其应对海洋灾害的脆弱性。

(3)存在多因素叠加风险

沿海地区一旦遭遇多因素叠加的突发性极端事件,将可能承受不可估量的社会经济损失。影响沿海地区脆弱性和风险性的不只是海平面上升因素。当前沿海地区经济的可持续发展面临着多种问题,除了上述提到的风暴潮、海啸、咸潮等海洋灾害外,地面沉降、围填海、经济总量大、气候变化导致的台风轨迹多变和极端事件增多等因素在沿海地区也埋下了"不太平的种子"。如果多种不利因素同时出现且叠加在一起,有可能演变成影响沿海地区,甚至整个中国经济社会发展的重大风险因素。例如渤海西岸和长江三角洲,恰恰是这几个因素集中的地区。应该注意到,多种风险因素的叠加并不是小概率事件,而且叠加会形成风险放大效应,将会产生不可估量的社会经济损失。

3.4.2.3 对国土安全的影响

海平面上升严重威胁到我国的海洋国土安全和海洋权益。我国是一个海洋大国,大陆海岸线长达 18000km,所属岛屿面积大于 $500m^2$ 的超过 6000 个,其岛屿岸线超过 14000km。根据《联合国海洋法公约》的规定,我国主张管辖的海域面积约 300 万 km^2。同时,我国拥有面积不达 $500m^2$ 的岛屿达 10000 多个。海平面上升对很多小面积岛屿以及低潮高地(以前俗称"礁")等带来了可能被淹没的危险,如果淹没将严重影响到我国的领土面积,威胁到我国的海洋权益问题。同时,我国与周边一些海洋邻国在海洋划界方面存在一定程度的争端。有些海洋邻国为争夺海岛,纷纷建立永久建筑物以示主权,如韩国不惜重金在位于我国专属经济区海域内的水下暗礁——苏岩礁和日向礁上构建水上建筑物,日本企图将冲鸟礁"以礁变岛",并正式批准在冲鸟礁建设人工建筑,这些行为都严重影响到我国的海洋权益。海平面上升对部分关键岛礁的淹没会使这一问题更加复杂化,对我国的海洋国土安全和海洋权益维护造成不利影响。

3.4.3　适应海平面上升的对策建议

提高适应海平面上升工作的战略高度，将其纳入国家、地区发展规划。从政策、规划、技术和能力建设等角度着手做好适应海平面上升的工作，是我国当前和今后应对气候变化的紧迫任务，是实现我国沿海经济可持续发展的重要保证。

3.4.3.1　完善政策法规与管理机制

建立健全相关法律法规和综合管理决策机制，完善海岛海岸带的开发利用和保护规划。确立科学用海的理念和政策导向，建立健全适应海平面上升方面的配套制度和管理体系。具体工作中要强化海岸带水资源管理机制，建立信息资源共享平台和机制和创新海洋环保机制并在重大工程的设计过程中进行充分的气候论证。

（1）建立健全适应海平面上升的法规

确立科学用海的理念和政策导向，深入贯彻实施《海域使用管理办法》《海洋环境保护条例》《全国海洋功能区划》等，加强适应海平面上升的配套制度建设，研究制定《海岸带综合管理条例》《围填海管理办法》等法规。

（2）建立健全综合管理决策机制

各级政府在海洋工程项目建设和沿海地区经济开发活动中，要根据海平面上升对本地区的影响状况，在制定相关政策和规划，开展堤坝、沿海公路、港口码头、沿岸电厂机场等重大工程的设计过程中，将海平面上升作为一种重要影响因素来加以考虑，进行充分的气候论证。同时建立健全综合管理体系，包括建立健全海洋、环保、海事等部门间联合执法体系和协调机制，协商行动，共同取证，提高执法效率；加强各级海洋部门专业人员与设备配置，实现国家、省、市县间在适应海平面上升方面工作上的合理、高效分工与合作。

（3）建立信息资源共享平台和机制

及时建立完善对海平面上升预测预报模型和预警系统和简洁高效的信息资源共享平台和机制，为决策者和公众传递有效信息。同时加强部门间的协作，进一步完善相关制度，促使海洋、环保等部门在海洋监测设施建设、数据采集和与分析等方面的合作，提高设施利用效率，实现统计数据分析与发表的统一。

（4）创新海洋环保机制

建立以"重点海域排污总量控制制度"为核心的海洋环境监管机制。在对重点海域环境综合调查的基础上，细化各个港湾环境承载容量和水质管理目标，确定相应区块主要入海污染物的排放数量、方式以及降污减排分配方案，实施以海限陆、源头把关、陆海协同、防治结合的海洋环境管理新模式，探索建立"海洋生态资源损害赔偿补偿制度"。

（5）强化海岸带水资源管理机制

严格执行《水资源管理条例》，深化取水许可管理，把好审批关和验收关。全面落实建设项目水资源论证工作，提高论证质量和效果；规范水资源有偿使用制度，全面实施取水计量收费，抓好取水计量实时监控工作；按照《关于建设节水型社会的若干意见》的要求，积极推动节水型社会建设，提高水资源利用效率和效益；继续做好地下水禁限采工作，通过强化海岸带水资源管理，进一步控制沿海地区地下水超采和地面沉降，减轻海水入侵和土壤盐渍化危害。

3.4.3.2 完善规划评估与研究

加强科学技术研究，综合评估海平面上升风险，推进适应海平面上升的技术开发和示范。加强海平面上升及受其影响领域的基础研究和应用研究。围绕海平面上升的观测与预测、海洋灾害预报与评估、海岸带和近海生态系统的响应与适应、海岛海岸带保护与开发等重点方向深入开展工作，尤其是加强在气候变化和海平面上升导致的海洋灾害加剧、海洋生态环境退化及其适应对策等重大科技问题的研究力度，广泛开展务实的国际合作。同时，针对沿海地区的具体要求，研究海平面上升给城市建设带来的一系列问题，如防洪、排污、排涝、给水、排水、城市交通等，提出相应的科学防治对策建议。

（1）编制或修编相关涉海规划

以《全国海洋主体功能区规划》为指导，与地方上（陆地）主体功能区规划相衔接，依据各地海洋资源环境状况和海洋开发潜力，并充分考虑未来海平面上升的趋势预测及可能的影响分析，开展地方上海洋主体功能区的规划，明确海洋优化开发区、重点开发区、限制开发区、禁止开发区等，并按相应要求进行保护建设，从规划角度统筹并提前谋划布局，提高近海和海岸带生态系统抵御和适应气候变化的能力，提高近海和海岸带生态系统适应海平面上升的能力。国家和各地方编制或修编《海岸带建设总体规划》《海洋产业集聚区布局规划》《海洋生态环境保护与建设规划》《无居民海岛保护与利用规划》等涉海规划，引导海洋经济发展和加强海洋生态环境保护，建立健全适应海平面上升的规划体系。将适应海平面上升的内容纳入地方上正在编制的相关"十二五"规划，并加以贯彻落实。

（2）开展海岸带风险评估

一是综合评估，分类指导。根据沿海地区海平面上升的趋势，开展综合影响评价，根据影响程度的大小和危险度划分区域，作为沿海地区制定规划和各类政策的重要依据，分类指导，推进区域的经济社会发展。二是专项评估，及早应对。要开展海平面上升对汛期排涝能力降低及所影响的区域、海水倒灌形成咸潮所造成的饮用水安全问题、沿海生态系统破坏的规模及速度、对沿海农田和居民区的影响、对海水养殖捕捞、旅游业的影响等风险进行评估，为尽早制订相关措施提供依据。同时，对受海平面上升影响较大的地区，还要及早论证海平面上升在未来若干年中可能造成的受损人群的安置问题，甚至是人口迁移问题。

（3）建立研究服务体系，开展海岸带科技专项行动

加大海洋科技研发支持力度，建设完善海洋领域应对气候变化观测、研究和服务体系，开展海洋领域对气候变化的分析评估和预测。加大气候变化

背景下气温、降水、蒸发等的变化对海洋的影响研究，加快应对气候变化适用技术的开发、示范和推广。开展海上灾害性天气（热带气旋、海上低压、海上大风、海雾、东风波暴雨等）预报预警方法的研究。开展海洋气象灾害对海洋经济发展、人民生命财产影响的研究。开展海温、含盐量等海洋环境、气象条件、海气耦合对海洋气象灾害发生发展、气候变化影响的研究。增设海洋科技自主创新专项经费，重点在海洋监测技术、防灾减灾技术等基础研究和关键技术领域。加强开展海气相互作用调查研究，深化海气相互作用的认识。同时建立海平面监测预测分析评估系统，进一步做好海平面变化影响评价，研究海平面上升适应对策，保障和促进沿海经济发展。

3.4.3.3　完善标准规范与工程建设

修订和提高沿海防护标准。按照沿海海平面上升的趋势，修订现行海堤设计标准，重新确定海堤等级及划分依据，适当提高沿海城市工程建设的设计标准。适当提高长江三角洲、珠江三角洲、环渤海周边等沿海区域的城市规划、重大工程、市政项目等设防标准，特别是滩涂围垦或填海、产业功能区、跨海桥坝等基础性项目的设计标准。加强基础防护能力建设和防护林等生态防护植被的建设。

（1）适当修订标准规范

按照沿海海平面上升的趋势，适当修订现行海堤设计标准，重新确定海堤等级及划分依据，使大部分海堤在现有基础上通过加高加固普遍提高，另根据实际开发需要新建海堤。适当提高沿海城市工程建设的设计标准，可研究在 100 年一遇、50 年一遇的标准基础上再提高。要适当提高广东、浙江、天津等沿海城市的城市规划、重大工程、市政项目等设防标准，特别是滩涂围垦或填海、产业功能区、跨海桥坝等基础性项目的设计标准。在城市地面沉降地区建立高标准防洪、防潮墙和堤岸，改建城市排污系统，对沉降低洼地区进行城建整治和改造，提高城市抗灾能力。

（2）推进海洋保护区工作，加强海洋生态建设

开展重点河口与海湾综合整治，严格执行入海河口污水达标排放；加强

重点港湾的涉海工程管理，高度重视港口作业和船舶工业污染，推广生态养殖模式。推行生态围涂和生态填海，保护重要的沿海红树林、沼泽和芦苇湿地等生态资源；加强侵蚀岸段治理，开展生态修复项目；采取护坡与护滩相结合、工程措施与生物措施相结合，强化沿海地区应对海平面上升的防护对策；大力营造沿海防护林，完善沿海防护林工程体系。实施"小岛迁、大岛建"和重要的连岛工程，保障海岛居民和设施安全。

（3）推进水利基础设施建设，加强水资源调蓄和配置工程的建设

进一步完善海堤强化加固工程，重点做好围垦区域的标准海堤建设，提高抵御洪涝台等自然灾害的能力。以骨干工程建设为重点，兴建有防洪作用的控制性工程。加快易涝常灾地区特别是东南沿海地区的防洪排涝骨干工程建设。提高引水工程受水区的调蓄能力，建设浙东引水工程和水资源保障百亿工程。采取陆地河流与水库调水、以淡压咸等措施，应对咸潮上溯，为沿海地方经济社会发展提供基础保障。增强行洪排涝能力，防止河口海水倒灌。

3.4.3.4　完善能力建设

提升和完善海平面和海洋灾害监测能力建设，提高公众的相关意识。着力加强风暴潮（含近岸浪）、海啸、咸潮、海岸侵蚀、海水入侵和土壤盐渍化等海洋灾害的监测能力建设，建成海洋环境的立体化监测网络，强化海平面上升和相关海洋灾害的预警预报服务，为沿海重点地区和重大工程应对海洋灾害提供支撑和保障。另外，对公众进行宣传适应海平面上升的知识，增强相关意识。

加强海洋监测机构的能力建设。认真实施和健全海洋环境监测和海洋灾害监测预警系统，从场地建设、仪器设备配置、人员培训、技术研究与开发、国际交流等多方面入手，全面提升海洋环境观测和灾害监测能力，并保障网络系统高效运作。就海洋环境监测而言，要开展海洋生态系统应对气候变化的响应监测工作，突出监测、预报和信息处理三大重点。就风暴潮预警而言，主要是建立监测数据实时采集、处理、天文潮预报、风暴潮预报的信息服务网络系统。

强化海洋灾害预警报和应急处置能力加强灾害的预测能力，提高对重大气候灾害预报的准确性和时效性。严格执行《气象灾害应急预案》《防汛防旱应急预案》等，进一步建立健全海洋灾害应急预案、启动机制以及灾种早期预警机制，建立健全应急处置快速反应机制。完善海洋灾害预警信息发布机制，拓宽灾害预警信息的"绿色通道"，增强海洋灾害信息传播能力，完善部门联合、上下联动、区域联防的防灾机制，全面提高沿海地区防御海洋灾害能力。

宣传适应海平面上升的知识，增强相关意识。要认识到适应措施的投入也是地区经济发展投入的一个重要组成部分。在沿海各省（自治区、直辖市）各级政府机关、学校等部门开展海平面上升领域适应对策的基础教育、概念示范，可通过电视、网络、广播等多种平台开展海平面上升领域的科普类讲座，将海平面上升对经济社会发展的主要影响等知识宣传到社会各界，培养沿海公众对海洋领域的认识，增加海平面上升以及风暴潮、咸潮等海洋灾害的防范意识，推动沿海地区的经济社会稳定可持续发展。

3.5 气候变化对草原的影响及适应途径

近几十年来，内蒙古草地畜牧业地区气候变化主要表现为平均气温以上升趋势为主，与全球气候变暖趋势一致（IPCC，1990a，1990b，1995，1997，2001，2007，2012，2014）。其中冬季增暖贡献最大，冬季平均温度及平均最低气温的升幅大于年平均温度、夏季平均温度和平均最高气温；气候季节与年度波动性较大，且东部大于西部；极端气候增多（Zhang et al.，2015）。特别是降水的不确定因素较大，区域差异明显，并有周期性震荡。总的来说，降水是草地类型分布格局变化的制约因子，在升温背景下降水制约效果更为显著。面对全球变化，以家庭为单位的草地承包制在以天然草地畜牧业为主的草原区有一定的弊端，天然草地畜牧业需要较大的空间，利用大尺度划区轮牧来保障适应气候波动与气候变化，才能保持草地畜牧业及草地生态系统功能的相对稳定（He，2017b）。

以内蒙古草原为核心的中国北方草原，绵延 2000 多千米，是欧亚大陆草原的东翼，跨越了温带半湿润区、半干旱区及干旱区三个气候区。东起嫩江－西辽河平原，经阴山南北，西至贺兰山，随着气候湿润度的下降和热量增高，草原类型与景观结构都有较大差异，形成不同的草原地带。各地带的草地利用格局、生产经营方式与历史文化各有不同的特色。北方草原既是游牧民族的发祥地，又具有不可替代的生态防护功能。北方游牧民族，长期与自然做斗争，形成了与草原气候环境与生物环境相适应的游牧文化，发扬这一游牧文化的精髓，是草地畜牧业适应气候变化的有效途径。

3.5.1　北方草原生态安全格局演变

从大兴安岭以东的嫩江－西辽河平原的科尔沁草原到大兴安岭西麓的山前地带，形成森林－草原景观。气候湿润度为 0.40 ~ 0.60，地带性草原是贝加尔针茅（*Stipa baicalensis*）组成的草甸草原。丘陵下部及坡麓分布着具有丰富杂类草的羊草（*Leymus chinensis*）草原，地带性土壤主要是黑钙土。在丘陵与低山阴坡有白桦（*Betula platyphylla*）-山杨（*Populus davidiana*）林及山地五花草甸分布，在沟谷湿地形成禾草、杂类草草甸与沼泽草甸。西辽河流域的科尔沁沙地，是第四纪以来在冲积平原上风积形成的沙地，自东向西，分布着栎（*Queccus*）-槭（*Acer*）稀树沙质草地、榆树（*Ulmus*）疏林沙质草地、灌丛沙质草地等。森林草原地带，具有林、灌、草组合的生态多样性与资源－环境优势，草地生产力较高，适于农林牧多种经营。从新石器时代至青铜时代的先民就开始了原始的渔猎、牧养与农耕生产，在兴隆洼文化、红山文化及夏家店文化遗存中可以看到农林牧多元文化的特点。本地带的草原，占优势的高大禾草［羊草（*Leymus chinensis*）、贝加尔针茅（*Stipa baicalensis*）］以及多种杂类草最适于牧养牛马等大畜，到中世纪的辽金时期，已经形成了农耕与畜牧交错并存的格局。明、清两代的多次社会变动中汉族农民的北迁，促进了民族文化的融合。20 世纪中后期，随着经济与人口增长，草地与水资源超载利用，西辽河水量锐减，植被发生退化，羊草草原发生碱化，沙漠化漫延。目前，在经济发展中，嫩江-西辽河平原及其各支流的河谷平原上形成了粮、油、经、饲及畜产的多样化种养结构与初步产业化的经营模式。

蒙古高原上的呼伦贝尔-乌珠穆沁盆地，西至阿巴嘎熔岩台地，南到阴山北麓的苏尼特高原（113°50'E ~ 120°E）。气候湿润度为 0.18 ~ 0.40。是高平原与丘陵相间分布的典型草原带。以适应半干旱气候的大针茅（Stipa grandis）、克氏针茅（Stipa krylovii）、小针茅（Stipa klemenzii）草原占优势。40 多年来的持续超载放牧，使草原生产力明显衰退，以冷蒿（Artemisia frigida）、糙隐子草（Cleistogenes squarrosa）占优势的退化草原广泛分布，土壤仍保持以栗钙土为主。在阿巴嘎熔岩台地和阴山山地之间的向斜构造基础上，是第四纪风成的浑善达克沙地。其东部有云杉（Picea）疏林沙质草地，中部是榆树（Ulmus）疏林沙质草地与灌丛草地的复合景观，西部以锦鸡儿（Caragana）、褐沙蒿（Artemisia intramongolica）灌丛草地为主。20 世纪后期，浑善达克沙地的沙漠化已相当普遍。典型草原地带是北方民族长期从事放牧畜牧业的牧区，是游牧文化的主要发祥地。早在公元五六世纪，蒙兀室韦和乌洛侯人开始从渔猎生产向畜牧生产转变，公元 7 世纪，已有蒙古先人部落从大兴安岭地区向大漠南北的辽阔草原转移，到 9 世纪，蒙古族与突厥、回鹘人的民族交往之中，继承草原畜牧生产与社会生活的经验，延续着草原游牧文明发展的历史（郝维民，2006）。在草原严酷气候的不良环境中培育了适应粗放饲养的家畜品种。创建了不同草原类型的季节放牧制度，形成了逐水草而居的维护生态系统平衡的观念与可持续经营的规范。依靠草原和家畜，构成居民衣食住行的物质生活需求。在草原大地上，创作出与大自然共荣的生产方式与人文艺术风格，书写出游牧民族的历史文化篇章（王炜和刘钟龄，1996a；刘钟龄等，1998）。

阴山南麓山前平原与鄂尔多斯高原中东部丘陵地区，是暖温型草原地带，气候湿润度 0.20 ~ 0.45，由于地形切割剧烈，水土侵蚀严重；造成破碎的草原与沙地景观生态格局。草原类型是以本氏针茅（Stipa bungeana）草原、短花针茅（Stipa breviflora）草原和沙生针茅（Stipa glareosa）草原为代表。在砾石丘陵坡地上，白莲蒿（Artemisia sacrorum）、菱蒿（Artemisia giraldii）组成草原变体；库布齐-毛乌素沙地与丘陵坡地上多有沙地锦鸡儿（*Caragana davazamcii*）、沙棘（*Hippophae rhamnoides*）、黄刺梅（*Rosa xanthina*）等灌丛分布。阴山以南的草原地带是自然与人文景观多样性及生态地理格局错综复杂的地带，也是农耕产业与牧养产业交汇的地带。先秦战国时代，华夏地域即由中原向北扩展到阴山以南。秦始皇北征匈奴，占领鄂尔多斯及河套地区，迁入汉民，设置郡县，推行农耕。汉初，匈奴人南渡黄河，恢复牧地。汉武帝以后，阴山以南，长城沿线一带的农业与草原畜牧业构成了稳定的农牧交错地带，在发展农牧业生产之中促进了民族文化的交融。至唐代，因多年耕作，使黄土与沙地出现退化与环境恶化趋势，鄂尔多斯地区又为突厥、党项所据，开始设立牧监，促进畜牧业的发展。但邻近的黄河沿岸，当以农耕为主。13世纪元代又推进了畜牧业的生产经营，形成了以畜牧为主，农业、手工业、商业并存的格局。14世纪中期，元明对峙，农牧生产基础削弱，直到明代中晚期，又形成了农牧互补发展的形势。清代统一了长城内外，草原区的社会走向安定，对畜牧业实行保护政策，直到光绪年间，在河套与黄河沿岸一带实行"开放蒙荒"的政策，使河套与沿河成为耕地较为集中的地区。总之，阴山与长城一带，因农牧交替发展，在草原游牧文化的发展中打上了农耕文化的深刻烙印（任继周，1997）。到20世纪，随着人口的增长，农业开垦和畜牧业规模的扩大，引起植被退化与土地沙化，使草原在生态安全格局中的重大功能受损。

　　总之，我国北方草原植被构成了完整的大地覆盖，草原土壤成为巨大的碳库，默默地维护着蒙古高原、松辽平原和黄河流域以至东亚地区的生态安全。而生存于这片热土上的北方民族创造了与环境和资源相适应的游牧生产方式。当时的人口和家畜的数量尚未对草原造成强大而持续的压力。草原作为畜牧业的自然资源仍有冗余，保持着可再生的饲草、水源和充足的地域空间。保证草原生态系统的物质平衡，可以有效地发挥草原的生态防护功能，可见，游牧文明的精髓就是要遵循自然规律，坚持人与自然和谐共存的理念。

3.5.2　草原游牧生产方式与文化精髓

在蒙古高原上，牧民的游牧生活经历了长期的历史过程，这是北方各民族直到蒙古民族文化的历史性创造。其中，蕴含着深邃的生态意识，具有高度的历史合理性和必然性。在这一民族文化遗产和当代的可持续发展观之间，我们不难窥见其渊源联系。因此，对于我们今日要遵循科学发展观，寻求草原牧区经济发展的新模式和畜牧业的产业化途径，有重要的有益启示。从全面认识草原生态功能、维护草原生物多样性、家畜品种的演化和培育、建立人与自然和谐发展的生态文明观念、实现区域协调发展和民族的兴旺等目标的视角，对蒙古族游牧生活的历史价值，作一些有益的粗浅探索。

1）游牧生产方式可保证草原的更新繁育，维护了生物多样性的自然演化与宝贵基因资源的相对稳定性，使草原保持着循游放牧条件下的生态演替顶极（Climax），即十分接近自然气候顶极状态，成为家畜适度繁育和草原可持续利用的资源与环境保障。

草原是具有可更新机制的自然生态系统，由绿色植物多种群与其他生物多样性成分以及复杂的非生物环境因素组成，是长期历史演化的产物，成为相对稳定的自然演替顶极。在逐水草而迁徙的游牧生活中，家畜放牧采食率比较均衡，对这一自组织系统的顶极状态不足以发生强烈的干扰，因此，系统的自我更新与自我调控机制不被突破，生态系统中的绿色植物种群和其他生物种群占据着各自的生态位而得以繁衍，保持着和谐的群落自组织生态过程（郝敦元和刘钟龄，2002）。这些绿色植物种群构成了家畜充足的营养源和良好的营养组合。蒙古族牧民就是依托天赐的草原生态系统创造了符合历史条件的游牧生活方式，牧民的绿色情怀当然也是历史的产物。

2）游牧生产锻炼了家畜的生态耐性，适应于寒冷、干旱、多变、多灾的气候环境和粗放的牧养管理方式。在草原生态系统的协同进化中选择了耐性很强的地方家畜品种，形成了严酷环境和粗放经营的家畜最佳生产性能与优质畜产品。

北方草原的家畜经历了长期驯养，成为草原生态系统不可缺少的成员。呼伦贝尔草原冬季气候寒冷，在半湿润与半干旱条件下形成的草甸草原，牧草种类繁多，草群高大密集，成为"三河牛""三河马"的原产地。从呼伦贝尔至乌珠穆沁草原，天然草地的牧草营养组合是乌珠穆沁肥尾羊经多年人工驯养而选择成功的地方良种，作为肉用羊，很受各民族人民以及阿拉伯世界的广大穆斯林民众欢迎。苏尼特羊是适应于蒙古高原荒漠草原旱生小禾草—小型针茅（*Stipa* spp.）、沙芦草（*Agropyron mongolicum*）、无芒隐子草（*Cleistogenes songorica*）和沙葱（*Allium mongolicum*）等植物组合的产物，是深受欢迎的涮羊肉的优良肉羊品种。阿拉善双峰驼是与古老的阿拉善荒漠协同演化的著名优良品种，具有耐饥渴、采食粗饲料、适应风沙、可远行等特殊遗传基因组合。成为生物多样性重点保护对象，正在积极采取有效的保育对策。

3）在游牧生活中，草原和家畜是蒙古民族等许多兄弟民族生存繁荣发展的物质基础，广阔的草原环境和肉乳为主的饮食结构造就了可远行跋涉，不畏艰苦，善于骑射，武功高强的健壮体魄，无愧为世界民族之林的英雄天骄。

绿色草原所提供的第一性生产（植物产品）与游牧方式的第二性生产（动物生产）紧密结合起来，是人类经营农业的历史性创造。游牧生活恰恰构筑了天（气候环境）、地（土壤营养库）、生（生物多样性）、人（人群社会）的生态-经济-社会复合系统，该系统是在历史条件下达到的能量流动与物质循环高效和谐的优化组合。草原牧养的家畜完整地构成了蒙古族等民族的食、衣、住、行基本物质保障。牛羊肉乳提供了完全营养的高蛋白洁净食品系列的主要产品；毛绒皮革是制作服装、居住（蒙古包）、交通工具、生产生活用品的重要材料；牛马驼又是役用、军用的动力资源；畜粪也成为生活中的燃料能源。总之草原家畜在蒙古民族的生存与发展中是全部生物能源中最主要的部分。再加上与中原民族交往中得到的粮、茶、丝绸等，保证了游牧民族体质健康与繁荣发展。

4）在游牧生活中，蒙古族人民热爱草原，爱护家畜，保护生命，维护环境的朴素感情是人与自然和谐相处的精神体现，是十分可贵的生态意识，是当今实施可持续发展模式的良好思想基础。追求艺术，崇尚科学的优良传统，更是人类走向文明祥和的精神动力。

游移放牧的完整规范，可以保持草原自我更新，维护生物多样性，满足家畜的营养（能量）需要，保障人类的生存与发展，这是草原复合生态系统结构与功能协调有序的耦合效应。存在决定意识，这种优化系统组合必然成为生态观念的客观根据。所以在草原民族文化中，从意识形态、科学技术、伦理规范、民风习俗、宗教信仰等诸多方面都蕴含了鲜明的生态观念与环境意识。

大自然也是草原民族文明发展的源泉。广阔无垠的草原景观，塑造了高亢豪爽的音乐艺术风格与民族性格。依托于大自然的生产与生活方式，培育了人间互相友爱、私有观念淡薄和崇尚自然的民族精神。蒙古族等民族的文化传统，无不具有草原风情的烙印。在蒙古民族等各民族的发展史中，书写了人类文明宝库中值得自豪的绚丽篇章。

3.5.3　草原适应气候变化的新途径

今日的世界已进入科技与经济发达的新世纪，但也带来了一系列的资源与环境问题。20世纪的人口剧增、全球气候变化、土地荒漠化、生物多样性的伤逝、淡水资源与能源的紧缺等诸多生态与环境问题向世人提出严峻的挑战，正激起人类的生态觉醒。因此，可持续发展的理念应运而生。走持续发展之路，已成为21世纪人类文明的鲜明标志和时代的呼声。20世纪后期北方草原的超载利用和盲目开垦，引起大面积草原退化和沙化，这是大自然给我们发出的严重警告。为此，必须遵循自然规律和经济规律，合理利用草原，采取科学对策切实维护草原整体生态功能（IPCC，2012，2014）。虽然，原始的游牧生活已不是当今时代的民族需要，但民族遗产中的生态之道，游牧文化的精髓却为草原地区的可持续发展道路提供了借鉴。

（1）利用景观与区域大尺度放牧，适应气候波动

半干旱草原区由于受气候波动、蒸发强烈、冬季严寒和水热资源的限制，必须正确测算天然草地生产力及其季节间的差异和年度间的变率。为使草原的更新机制不受损害，植物的放牧采食量和收割量不能超越草地生物再生能

力的阈限。在发展人工饲草料生产的同时，必须实行轮换休牧制度，设定每年的禁牧期，以利牧草返青和正常生长，保持草原生产力水平和生态系统健康。

在适应气候变化的动态放牧技术上，基于草地生产力及草畜平衡的时空格局变化特征，针对北方草原区气候波动性增加、极端气候事件增多及暖干化的气候变化特点，以及中西部草地退化严重的环境特点，在吸收游牧及其他放牧技术优点的基础上，构建动态的优化放牧技术体系，主要为：扩大放牧空间，充分利用草场地形特征，划分春季、夏季、秋季及冬季放牧区，进行大尺度的景观放牧。并根据水热资源配置新特点探索不同景观与区域间划区轮牧、休牧、舍饲组合技术。

在划区轮牧上，首先，需要依据气候条件及局地的自然状况，构建动态的优化放牧技术体系，改变现在固定的牧事活动时间节点，总结和归纳各类表征牧事活动适宜开展的天气、气候、物候、生态学、生理学等指标，实现动态化放牧。其次，由空间异质性所带来的适应气候变化的天然资源的有效识别、量化和合理利用，如地势高低及阴阳坡分异能有效规避极端温度的影响等。

这一放牧方式针对我国北方草原生产力时空异质性较大，近年来草地退化严重的区域环境特征以及草原区气候波动性较大、极端气候事件增多等气候变化特点，改变现在固定的牧事活动时间节点及放牧强度，实行基于动态草畜平衡的放牧方式，构建了根据景观与区域草地生产力与利用现状实行景观与区域间划区轮牧、休牧、舍饲组合技术。该技术解决了北方草原气候年度与季节变幅较大，草地生产力不稳定且空间异质性较强而导致的过载或放牧不足问题，提高了草地的可持续利用性。

（2）建设节水的人工草地与饲料地，更好地适应气候变化与畜牧业的稳产

水利设施是建立人工饲草料基地的必备条件，建立多种人工饲草料基地是减轻天然草场压力使之得以休养恢复并实行放牧与饲养相结合模式的保障措施，是草原畜牧业今后再发展的重要物质基础，草原区水利建设面对的困

难是水资源较贫乏而且分布不均，水文条件与水资源的勘探不足，地下水埋深往往超百米，工程投资大（机、电、井造价都高），运行成本高（电路损耗大）投资效益低。需要国家投入并给予动力和运行费用的补贴式优惠，以利于调动地方政府和牧民加快牧区水利建设的积极性，使他们建得起，用得起。

在降水量 350mm 以上的草原地区，大兴安岭东、西两麓和阴山南北的山前丘陵地区，如嫩江、西辽河、乌拉盖河、闪电河流域，科尔沁沙地、浑善达克沙地东部、毛乌素沙地的许多丘间滩地都是水资源较多的地区，也具有较好的土地资源，是可以建设饲草基地的主要地区，应作为水利建设的重点。但必须统筹规划，对水资源总量及其时空分布与变化要做出可靠的评价；把生态环境耗水，草原及其他天然植被耗水，人工林草植物用水，农牧业生产用水，工矿业与其他社会经济发展及居民生活用水等进行科学的测算；并对水资源的开采利用留有必要的余地，按照水资源可持续利用的战略要求，进行水资源的合理配置和水利设施的建设。

利用河谷滩地、湖盆洼地、沙丘间低地等地下水位较高的适宜土地（约占草原区总面积的 5%~6%）建立各种非灌溉及适度补灌的人工草地与饲料地是草原生态环境建设和草原畜牧业集约化经营的主要措施，是一项具有长远意义的生态产业工程，需要长期坚持不懈地以产业化的方式推行这一项建设。当前，退耕还林草、退牧还草、防沙治沙等重大生态建设项目中都含有草地建设的内容。今后更要以发展家庭牧场和招商引资等多种途径促进草地与饲料生产和家畜育肥基地的建设，向草畜一体化的集约型产业模式发展。

草原牧区具有经营放牧畜牧业的草地资源和传统，又有地方优良家畜品种资源。目前正在推行休牧、轮牧等合理利用与草原保护，在有条件的区域营建多种形式的人工草地和饲料地。可按照集约化经营的模式实行夏牧冬饲，把牧区建成家畜繁育基地。牧区以南以东的农牧交错区，兼有种植业和畜牧业的资源与环境，具有种养结合，进行家畜育肥的有利条件。牧区与农牧交错区优势互补，实行系统耦合，可以开创集约化、产业化的新型农牧业生产体系。并应按照统筹城乡经济社会发展目标，建设新型草原产业带。

（3）恢复退化草原，保护现有草地的基本生态功能，实现畜牧业的可持续发展

退化草原因草群质量低劣，生产力已明显下降，必须实行围封，根据我们的试验结果，封育7~8年，草群结构和生产力可以基本得到恢复（王炜等，1996b）。退化草原实行封育，消除了放牧家畜的践踏和采食的影响。群落中的各种植物通过生存竞争和种内、种间的相互作用，使冷蒿（Artemisia frigida）、星毛委陵菜（Potentilla acaulis）等退化群落逐步向适应当地气候条件的针茅（Stipa）或羊草（Leymus chinensis）群落的方向演进。退化草原生态系统在恢复过程中，羊草（Leymus chinensis）、大针茅（Stipa grandis）、根茎冰草（Agropyron michnoi）、溚草（Koeleria cristata）、西伯利亚羽茅（Achnatherum sibiricum）、山葱（Allium senascens）等优良牧草逐年增多。冰草（Agropyron michnoi）在封育的第五年可明显增长，羊草（Leymus chinensis）到第八年明显增多，成为群落的优势种；而冷蒿（Artemisia frigida）、变蒿（Artemisia pubescens）、糙隐子草（Cleistogenes squarros）、星毛委陵菜（Potentilla acaulis）、阿尔泰狗娃花（Heteropappus altaicus）等不可利用或劣质牧草，从原来的优势种逐渐变为群落的伴生种（王炜等，1997，1999）。

根据地域分异的特点，各旗县制定适合当地草原情况的草原保护、建设、使用的细则。对牧户使用的草地，要限定适当的使用强度，设定维护目标，切实做到草原使用权和草原生态环境维护义务同时落实，并建立草原生态环境监测体系，作为法制管理的科学依据。

牧民保护草原不仅保护了自己的生产生活条件，同时也具有公益性，可使周边地区的环境得以改善。对围封禁牧式维护自家草地，效果良好的牧民给予金钱奖励以抵偿少养牲畜而减少的经济收益。可把恢复与建设草原植被的工程任务按照公司+牧户的办法交付牧民承担，达到预定标准后，给付报偿。为防止超载过牧，可考虑制定适当的办法，对超载的牲畜征收较高的税费。

总之，严格遵循自然与经济规律，草原地区实行"休牧轮牧、建设草地，夏牧冬饲、异地育肥，增加投入、集约经营，优化管理、确保安全，系统开

放，互动发展”的模式，能更好地适应气候变化，实现草原生态安全与农牧民富足的目标。

3.6 我国快速城市化进程中气候变化风险识别及其适应对策

近年来，我国北京、上海、广州等众多城市频繁遭受极端天气气候事件的严重影响，造成巨大的人员、财产损失和交通瘫痪，在全社会引起强烈反响和极大关注。联合国国际减灾战略发言人布瑞吉特·里奥尼曾指出，气候变化和城市化是使人类易受灾害影响的两个主要因素，而两者叠加将进一步加剧灾害的严峻性（Heil and Wodon，1997）。本届政府大力推动全国范围的城镇化和城市改造（Hedenus and Azar，2005），如何在城镇化进程中控制好气候变化风险是当前需要认真思考的（张雪艳等，2018）。

3.6.1 近年来我国城市受到气候变化的影响形势严峻

近年来，我国城市频繁遭受极端天气气候事件的影响。据国家气候中心统计，2012 年，我国因气象灾害造成直接经济损失高达 3358.2 亿元，其中，城市损失占比超过 50%，达到 1722.8 亿元（Padilla and Serrano，2006）。从北上广等一线城市来看，2003~2012 年的 10 年，北京发生带来重大损失的 极端天气气候事件 26 起，主要是暴雨雪、沙尘暴和雾霾，上海发生 8 起，主要是暴雨、高温，广州发生 13 起，主要是台风、暴雨和高温等。其中，暴雨袭击的威胁最大。实际上，近年来全国 62% 的城市发生过城市内涝，并与城市空气环境以及地质条件叠加在一起，诱发一系列次生灾害，对城市安全运行产生了重大影响。综观这些极端天气气候事件对城市的影响，主要表现在以下几个方面：一是极端降水和城市内涝对特大型城市的影响。在全球气候变暖的背景下，降水频数减少，但一次降水过程的强度增大，暴雨对城市财产安全和交通运行造成很大的影响。2013 年 7 月，四川省成都市、雅安市等发生特大暴雨灾害事件，

145 万人受灾，在此期间，都江堰市"7·10"特大高位山体滑坡已确认造成43人遇难，登记失踪和失去联系人员 118 人（Groot，2010）。二是气候异常形成雾霾、沙尘、高温威胁城市居民健康。气候变化与环境污染的叠加，对居民的健康形成了严重的威胁。如 2013 年 1 月，北京经历了一次静稳天气，低空近地面的空气污染物久积不散，导致北京在一个月内共遭遇 25 个雾霾天。雾霾天气引发上呼吸道感染、哮喘、结膜炎、支气管炎、心血管系统紊乱及其他急性症状，严重影响市民的健康。三是冰冻雨雪导致城市生命线中断。极端事件对城市生命线的正常运行构成严重威胁。如 2008 年，南方冰冻雨雪灾害引起大范围交通和电力供应中断。四是极端事件诱发地质次生灾害。极端天气事件可能诱发一系列次生灾害，形成灾害链事件，破坏能力急剧增加。如 2010 年 8 月，甘南藏族自治州舟曲县突降强降雨，诱发泥石流冲毁县城，阻断白龙江，形成堰塞湖，导致 1434 人遇难，331 人失踪。五是海平面上升、咸潮、台风和风暴潮对沿海城市构成严重威胁。海平面上升是气候变化的重要表现之一，对全球沿海的经济带带来长期影响。如 2006 年，强热带风暴"碧利斯"横扫福建、广东和湖南等南方七省，共有 3100 多万人受灾，因灾死 843 人，直接经济损失达348 亿元，在历史上极为少见（蒋金荷，2011）。

　　未来气候变暖趋势将进一步加剧，极端天气气候事件发生的频率和强度还可能增大。经济合作与发展组织（OECD）研究评出了到 2050 年全球遭受气候变化影响最严重的 20 个城市，中国有广州、香港、上海、天津、宁波和青岛 6 个城市上榜（杨俊等，2012）。城市群和特大城市已经成为我国受气候变化影响的重要脆弱区，未来的损失还可能进一步扩大。

3.6.2　我国城市易遭气候变化影响的原因分析及现有成功应对经验

　　（1）极端天气气候事件频度和强度增加，且我国城市多布局在易受气候事件影响地带

　　过去 60 年，我国陆地表面平均温度上升了 1.38℃，极端天气气候事件频

繁发生，区域性极端干旱频繁发生，高温热浪明显增加，暴雨发生频次和范围呈增加趋势。登陆的台风比例增加、登陆强度增强。特别是强降水事件在长江中下游、东南和西部地区增多增强，气象干旱面积在华北、东北地区增加明显，东部地区霾日明显增加，北方地区沙尘暴总体显著减少（孙耀华等，2012）。

我国部分城市位于易受极端气象气候事件直接影响的地区。受气候条件的制约，我国南方地区和华北的城市易受极端强降水的影响，而东北、黄淮海和长江流域易受干旱影响，旱涝灾害覆盖了我国环渤海、长三角和珠三角三个主要的城市群。叠加地形的影响，我国西南山区、黄土高原和华北等地区的城市容易因强降水而引发滑坡、泥石流等极端事件次生灾害（孙耀华等，2012）。

（2）城市人口与经济高度聚集，已成为气候变化的高风险区

我国正处在不可逆转的快速城镇化进程中，根据 2010 年第六次人口普查，我国城镇化率已达到 49.36%，城市 GDP 已达到 GDP 总量的 60% 以上，人口和社会财富向城市高度聚集，是我国经济发展的主要动力（郑佳佳，2014）。在全球气候变化的大背景下，现代城市工商业和居民健康对极端天气气候事件高度敏感，城市作为人类文明和社会物质财富的重要聚集地，城市及其所承载的一切经济活动，成为气候变化影响的典型脆弱和风险区。

（3）城市应对气候变化的能力不足

城市基础设施适应气候变化能力建设滞后。我国城市交通、电力、公共卫生、地下管网等基础设施的设计缺乏适应气候变化的预见性。城市基础设施的设计理念和标准考虑应对极端天气事件不足，导致现有城市基础设施整体上应对气候变化低效。城市基础设施适应技术研发与应用不足。气候变化导致极端天气强度和频度增加，基础设施适应气候变化的相关技术将由可选项变成必选项。而当前交通、电力系统、供水、供暖等设施适应气候变化技术应用缺乏，严重制约了基础设施在极端条件下的稳定运行。

极端事件预测预警系统存在科技短板。一方面，我国幅员辽阔，气候类型多样，地形条件复杂，区域性气象气候特点显著，对气象气候预测造成一

定困难；另一方面，研究基础相对薄弱，我国的全球气候系统模式分辨率偏低，自主知识产权的区域气候模式尚属空白。并且，向城市高风险区域内的大量人群高效提供高时空分辨率预警信息仍存在技术瓶颈，如广州气象部门向市区主要人口发送一次天气预警信息要历时 4 小时，导致预警信息传递常阻断在"最后一公里"（王金南等，2006）。

城市综合管理缺乏针对性的应急预案和措施。面对高度复杂的城市系统，我国城市管理仍然存在条块分割，气候变化与城市的综合管理之间没有建立有效的联系与协作。政府、市政事业单位、企业和社区缺乏针对性的气候变化应急预案和措施，极端气候事件极易导致供水、供电、取暖设施等供应中断，城市积水引发交通阻滞、受灾民众转移、疾病风险等问题，城市管理的气候变化应急响应能力与预案准备仍需要提高。

（4）国内外城市应对气候变化风险的成功案例

面对气候变化风险的严峻挑战，部分国内外城市管理和运行部门运用先进的管理理念和科技手段，在应对气候变化风险方面取得了较好成效。

在应用适应技术强化城市生命线工程和基础设施适应能力方面，2008 年南方大范围冰冻雨雪灾害凸显出城市生命线工程适应能力薄弱，广西通过在易覆冰输电线路上安装覆冰预警技术系统和直流融冰装置提升适应能力，确保线路安全稳定运行。近年来，为提升上海对风暴潮的适应能力，在重大工程上海吴淞口水闸的建设中充分考虑海平面上升的影响，提升风暴潮预防标准，确保了上海防汛安全。英国为应对洪水风险和海平面上升，对泰晤士河大坝进行了系统的改建升级，加强泰晤士河沿岸和河口三角洲地区的气候安全（赵海霞等，2009）。在应用极端事件预测预警技术消减不利影响方面，长春市通过预警信息定向发送技术向市民发布极端天气预警信息。西安启动了整合气象、水务、市政和国土等部门的应急预警气候支撑系统，提高部门间联合应对极端天气事件的可靠性、时效性和精准性。欧盟为应对每年约65 000起森林火灾，建立了欧洲森林火灾信息系统，提前一周向成员国提供预防和准备扑灭火灾的指导信息。意大利推出区域人体健康和安全早期预警系统，重点为城市地区的居民提供高温热浪的预警信息和预防建议，有效地降低了高温热浪对脆弱人群的威胁（赵海霞等，2009）。

在前瞻性地应用适应气候变化规划技术优化空间布局与综合管理方面，上海浦东新区的规划和建设，前瞻性地运用了"通风廊道"规划技术，保持和强化城市空气流动，极大地缓解了浦东新区雾霾天气和热岛效应。荷兰的高密度居民区约有三分之一低于海平面，面临海平面上升的巨大威胁，为适应气候变化和应对空间短缺，荷兰开发出漂浮别墅区，在围海大坝基础上更积极地适应气候变化（赵海霞等，2009）。

3.6.3 城市适应气候变化的对策和建议

城市适应气候变化具有高度的复杂性、很强的系统性、极强的创新性，需要加强整体的规划与部署，特别是科技创新，来增强城市的适应能力（Ehrlich and Holdren，1971）。2013 年 3 月 27 日国务院常务会议决定抓紧制定城镇化中长期发展规划完善配套政策措施，建议将以下内容作为规划和编制的重要内容。

（1）加强改善和保障民生的城市适应技术研发与推广应用

一是加大城市适应气候变化技术研发投入，加强城市生命线保障技术研发与应用，研发并推广电力、交通、供水等民生保障的适应技术，保证城市生命线在暴雨、风雹、冰冻雨雪等极端条件下的稳定运行。二是提升城市公共服务能力控制气候风险，利用现代物流、信息技术，在极端天气气候条件下，为城市居民提供充足的生活必需品和信息服务，减少居民不必要的高风险出行。三是提升城市基础设施设计规范与标准，调整城市道路、排水系统、水资源回收管理等基础设施的设计规范与标准，沿海城市建立预防海平面上升、咸潮入侵和风暴潮的标准与规范，通过适应技术的广泛运用改善和保障城市民生。

（2）提高和加强气候风险管理技术在城市与区域规划中的地位与作用

一是未来城市发展规划中，有必要将气候风险管理技术融入城市与区域的总体战略、长期规划与具体政策安排。要深入开展气候变化对城市区域人口健康、经济、交通、能源等的影响评估，加强灾害易发区和重要战略经济区的风险评估，形成城市气候变化风险防范总体思路与部署。二是要识别支撑大型城市群发展的气候承载能力，科学确定城市发展的经济结构和产业布局。加强城市重大基础设施工程的气候可行性论证，确保基础设施在极端条件下的正常运转。加强新兴、灾后重建中小型城镇的气候变化风险区划，在新兴和灾后重建中小型城镇建设的选址调研中，加大气候变化因素的比重，防止气象灾害高频发生和城镇重复受灾。

（3）加强城市极端天气预测预警技术和气候变化预测监测技术研发，建立极端天气气候应急预案响应体系

一是加强城市极端天气气候预测预报技术研发，加强城市气象基础设施建设，不断提高城市极端天气气候事件的预报能力，建立城市气候变化监测与评估技术体系，监控并评估气候变化对基础设施和城市人群可能产生的影响。二是制定应对气候变化城市应急响应预案，充分利用极端天气气候事件模拟研究结果。对于经济落后地区，应通过技术引进和管理创新降低单位工业产值的工业废气排放量。同时，应重视发达地区经济发展对周边省市的经济辐射以及技术溢出效应，增加区域内和区域间的经济和技术交流合作，实现多主体联动型环境治理，从而缩小地区污染排放差异状况，提升中国经济版图的绿色增长。

| 第 4 章 |　　对我国适应气候变化的思考与建议

4.1　我国适应气候变化的障碍分析与对策建议

4.1.1　我国适应工作面临的主要挑战

（1）适应气候变化问题在我国长期受忽视，适应气候变化工作整体上基础薄弱

早在 2007 年国务院印发的《中国应对气候变化国家方案》中就提出"减缓与适应并重的原则"。然而，多年来从中央到地方主要针对节能减排和温室气体减排，出台了很多政策措施，部署了众多科研计划和项目进行科技支撑。而对如何适应气候变化则重视不够，缺少对该项工作的整体设计规划、政策制度保障和足够的科技投入支持，很多地方和单位对适应气候变化工作还停留在过去的生态修复和各领域原有的被动适应行动上（张雪艳等，2019）。而主要发达国家越来越重视适应气候变化工作，英国、法国、德国、芬兰、荷兰以及欧盟等国家和地区都先于我国制定并实施了国家适应战略或计划。日本更是制定并实施《建设气候变化适应型新社会的技术开发方向》，明确提出日本要建设气候变化适应型新社会。

此外，在公众意识层面，我国季风气候区气候要素变率大，使人们容易忽视气候变化的需要。我国地处东亚季风区，在季风气候条件下，降水、风、气温等变率大，雨量极不稳定，逐年变化很大，例如，在长沙多雨年比少雨年的雨量多两倍，南京则多三倍，北京更超过五倍，同时在季风气候条件下

降水有突发性，容易水旱灾害频繁。这种区域气候条件造成的主观感受，容易使公众忽视长期气候变化的客观事实，对渐变而非突变的气候变化的忽视与习惯犹如"温水煮青蛙"，失去了对长期气候变化问题的戒备与需要适应的认识，更对适应气候变化工作产生可能是致命的松懈。

（2）我国适应气候变化面临着"发展型"需求和"增量型"需求的双重挑战

我国适应气候变化工作有自己的特色，要解决双重挑战：一方面的挑战来自于发展程度较低所导致的对已发生的气候变化影响的适应不足；另一方面是由于气候变化所导致对未来将有的气候变化影响的适应不足。我国的国情和所处的发展阶段决定了我国既面临着提升可持续发展能力的"发展型"适应需求，也面临着应对新增气候变化风险的"增量型"适应需求。"发展型"适应是指由于发展水平滞后，系统应对常规风险的能力和投入不足，需要协同考虑发展需求及新增的气候风险。而"增量型"适应是在系统现有基础上考虑新增风险所需的增量投入，这种适应所针对的是发展需求基本得到满足，仅仅需要应对新增的气候风险所需的适应活动（Pan and Zheng，2011）。在气候变化情景下，发达地区所需的只是应对新增气候风险的增量适应投入，而欠发达地区需要协同考虑新增风险，并弥补欠缺的常规风险投入。所以，我国的适应气候变化必须在可持续发展的框架下，统筹考虑经济发展和保护气候，在适应气候变化的过程中弥补发展欠账，调整发展方式以适应不断变化的气候，实现经济社会发展和应对气候变化的双赢，才能解决两方面的不足。

（3）现有的适应工作多是盲目适应、被动适应，适应的针对性和系统性明显不足

对适应气候变化的复杂性和困难性认识、观念和准备明显不足，对于适应本身、适应工作以及适应能力的认识不够全面，实施适应行动中往往不易把握工作的切入点和抓手，使得现有的适应工作存在盲目性、被动性。适应气候变化一个很重要的原则就是主动适应。然而，现在的很多适应工作都存在"头痛医头，脚痛医脚"的问题，多被动应付，缺乏基于前瞻预测后的主

动适应。

适应气候变化工作的针对性不足。由于适应气候变化的目标体现着与生态环境保护、防灾减灾、城市发展、健康保障和减贫等多个领域的协同。适应气候变化的工作内容难免与这些领域交叉，而在实际工作中呈现出来的问题就是气候变化适应针对性还不够强，有些工作并非完全是针对气候变化的适应而设计，有些甚至只是冠以"适应气候变化"的名头，其实还是原来的工作，也就出现了"适应是个筐，什么都往里装"的闹剧。

适应气候变化工作的系统性不足。适应的工作缺乏统筹，很多工作包括科技研发、政策部署和实施局限于某个部门、区域或行业，缺乏整体的系统设计，综合性的问题难以解决。缺乏跨部门、跨行业、跨领域的综合协调机制，缺乏地方政府以及实际生产部门"自下而上"的适应工作机制等。然而，发达国家注重协调政府各部门在气候相关技术的研究、开发、示范、商业化方面的投资。例如，欧盟气候变化适应研究关注部门和领域囊括水资源、生态系统/生态多样性、农业、自然灾害/极端天气、林业、健康等各个方面，具有较强的系统性。

（4）适应气候变化工作的科技支撑能力较弱，是限制适应工作深入开展的瓶颈

《中华人民共和国气象法》规定对城市规划、国家重点建设工程、重大区域性经济开发项目进行气候可行性论证，以避免或者减轻规划和建设项目实施后可能受气象灾害、气候变化的影响，但在实际工作过程中却没有很好地贯彻执行，其重要原因之一是缺乏适应气候变化科技的有力支撑。事实上，近年来我国在相关科技计划中零星地开展过一些适应气候变化的研究，但是整体上看气候变化影响及适应研究存在"两张皮"的问题，重大适应技术的研发不够，整体技术水平也比较低，缺乏未来战略技术储备等。其一，适应气候变化的基础研究和技术研发还比较薄弱。气候变化对水资源、海洋环境、生物圈、冰冻圈、粮食安全和人类健康的影响及人类适应途径，气候系统适应全球变化的弹性与阈值等适应气候变化的基础研究与国际先进水平还有较大差距。其二，现有的适应气候变化技术体系尚不能支撑各行业应对气候变

化的不利影响，特别是战略性技术研发和储备不足，包括极端气候事件预测预警与自然灾害防御技术，水资源开发、高效利用、合理配置与优化调度技术，典型脆弱和退化生态系统的保护与修复技术及生物多样性的适应技术等。

而很多发达国家制定并实施专门的适应气候变化研究计划，经费投入达到前所未有的力度，这些研究成果很好地支撑了适应工作的开展。很多发达国家从 20 世纪 90 年代起就在国家科技计划项目中部署了适应相关的研究，随后又相继把气候变化适应列为优先研究议题，大幅度增加了气候变化适应相关的项目数量和资金投入。到目前为止，欧盟框架计划对气候变化适应相关研究的资助超过 3.6 亿欧元，仅第七框架计划就支持了相关项目 67 项，资助金额超过 2.4 亿欧元。

（5）现有适应政策的制定和实施过程还存在资源不匹配、监管难等问题，适应决策机制亟待完善

我国已初步形成从国家、部门到地方的自上而下、较为完整的适应气候变化政策体系，包括 58 项规划、28 项政策和 31 项法规，以及 31 个省级行动方案。与气候密切相关的行业和领域制定的政策中，越来越多考虑到适应气候变化，适应政策主流化明显，与相关领域政策协同作用提升了我国适应气候变化能力。然而目前现有适应政策的制定和实施过程中还存在以下亟待解决的问题：

一是我国适应政策的目标与对应的适应能力与适应资源不匹配。首先，我国适应政策目标设定较高，但与之对应的适应能力与适应资源严重不足，不匹配。如现有适应政策几乎没有提出适应政策实施的资金、人力资源、自然资源和社会资本的定量保障和筹措机制，使我国适应政策的实施面临巨大的能力与资源的来源问题。其次，我国适应政策的制定和实施过程由各级政府推动，如何调动社会组织、企业及其他各层面个体适应气候变化的主动性，引导社会组织、企业和其他个体提供适应资源，提高社会组织、企业和其他个体的适应能力仍面临巨大挑战。二是我国适应政策实施与监督面临挑战。首先，与减缓政策设定明确的、量化的总体目标相比，适应政策的总体目标通常是定性描述，如"适应能力不断（或明显、进一步）增强"。其次，适

应政策通常没有明确规定各项任务的责任主体和监督机制，或没有规定具体的工作机制和监督实施细则，降低了政策的约束效力，导致适应政策无法落实。再次，随着政策重心下移，基层地方政府对气候变化适应工作及其重要性的认知水平较低，严重制约了落实适应气候变化政策的能力和主动性。三是适应政策的科学基础仍相当薄弱。气候变化适应的影响-脆弱性-风险-能力研究的各环节脱节；支持具体气候适应政策制定的基础研究不足；气候变化适应偏重自然生态系统，社会经济影响的研究不足等（彭斯震等，2015）。

4.1.2 对我国开展适应工作的思考与建议

（1）从"适应与减缓并重"，提高适应在气候变化乃至整个国家发展中的战略地位

我国的国情和发展阶段决定了我国适应气候变化工作的发展阶段。当前，我国适应工作既要解决历史欠账问题，又要面向未来整个国家的发展需求。适应工作的开展必须首先要符合中国的国情和适应本身的发展阶段。此外，对于中国这样一个发展中大国，适应是一件现实而紧迫的工作。适应工作关系到气候变化工作的未来乃至整个国家的发展。适应在气候变化领域和国家发展过程中的战略地位需要受到更多的关注和足够的重视。

（2）从"基础科学"到"适应技术"，加强适应气候变化的相关基础和应用研究，夯实适应气候变化工作基础

一是加强气候变化监测、预测和数据信息平台建设，夯实适应科学研究基础；二是构建包括气候变化适应的影响-脆弱性-风险-措施研究的各环节的基础研究体系，加强各环节之间的联系，增强适应措施的针对性和可实施性；三是研发和推广符合我国国情的适应气候变化技术，构建适应技术集成体系，为推动适应工作提供更广泛的途径和空间；四是加强社会经济系统适应的研究，提高产业和能源等非传统适应领域对气候变化造成不利影响的适应能力；五是设立适应气候变化专项科研计划，全面提高适应的科技支撑能力，尤其加强对适应气候变化急需发展关键技术的支持力度。

（3）从"适应科学"到"适应政策"，借鉴国内外经验，进一步完善我国适应政策体系和决策机制

一是建立跨部门的适应气候变化委员会，对适应工作进行统筹管理，加强部门和区域适应规划之间的衔接，将适应与其他领域协同效应发挥地更充分；二是制定适应气候变化关键部门的中长期适应专项规划，进一步完善适应政策的顶层设计，如制定适应气候变化科技专项规划，对适应科技工作进行全面统筹；三是创新适应政策制定过程模式，将"自上而下"和"自下而上"的两种决策模式结合起来；四是加强适应政策目标与适应资源的匹配度，配套必要的人力、财力和物力，促进适应政策的落实；五是加强适应行动、政策实施的后评估，建立健全政策评估体系，确保评估的独立性，认真对待评估结论，注意对评估结果的消化与吸收，使政策评估真正发挥作用。

（4）从"适应现在"到"适应未来"，设立面向未来的适应气候变化的目标，切实提高各个层面的适应能力

适应气候变化目标的设立不仅要考虑适应气候变化已经产生的影响，更要考虑适应未来气候变化的风险；适应的目标要立足现在面向未来，并且要将现在和将来结合起来。为实现适应目标需要切实提高的适应能力包括：提高基础设施、农业、林业、水资源、人体健康等重点领域和沿海、生态脆弱地区适应气候变化水平；加强对极端气候天气和气候事件的监测、预警和预防，提高防御和减轻自然灾害的能力；要加强适应气候变化工作机制，增强组织机构保证的能力；同时加大对适应气候变化知识的普及与理念的推广，注重适应气候变化人才的培养等。

（5）从"适应管理"到"适应治理"，推动建立"气候善治"的适应治理结构，在适应工作中充分发挥政府、企业和社会团体等多主体的作用

适应气候变化所需的资源配置不仅需要政府的作用，还需要市场的作用。然而由于适应气候变化的非营利性，很难在适应过程使市场机制发挥作用。为了解决这个矛盾，需要推进"气候善治"的适应治理结构，也即将适应气候变化需要与善治原则相结合，建立起市场和政府组织、公共部门和私人部门之间的管理和伙伴关系，以促进社会公共利益的最大化。这就需要首先统

一对适应气候变化的基本认识，加强适应相关基础数据等公共服务能力建设，要让公众在气候、环境和资源管理中获得知情权、参与权和监督权；其次，政府需要通过政策和规划统筹管理、分配和引导社会公共资源的开发方式和利用途径，与公共部门、私人部门和民间一起分担开发气候资源的费用和风险。最后，政府需要考虑气候变化的适应性措施往往具有公共品的属性，要公平分配实施适应气候变化措施过程中可能带来的有利或不利后果，恪守保障社会公平的职能。

4.2 应对气候变化损失与危害国际机制对我国相关工作的启示

气候变化造成的损失与危害（Loss and Damage）已经威胁到人类的可持续发展。气候变化每年夺去近 40 万人的生命，全球变暖的经济影响也已经造成每年超过 1.2 万亿美元的损失，相当于全球 GDP 的 1.6%（Development Assistance Research Associates，2012）。在联合国气候变化多边治理框架下，应对气候变化的减缓与适应进程进展缓慢，因此气候变化导致的损失与危害急需更加直接的解决方案（马欣等，2013）。小岛屿国家和最不发达国家遭受海平面上升、极端天气气候事件等造成的损失与危害十分严重，为维护国家的生存权和发展权，以小岛屿国家和最不发达国家为代表的广大发展中国家正推动在《公约》下建立应对气候变化损失与危害的国际机制，引起国际社会的广泛关注和共鸣（UNFCCC Secretariat，2012）。我国部分区域对气候变化高度敏感，加之近年来极端天气气候事件频发，气候变化带给我国的损失与危害也逐年加剧，应对气候变化带来的损失与危害问题已经成为关系国内民生的重大问题。因此，研究气候变化损失与危害国际机制的背景与内涵，尤其是梳理出这种国际机制对于国内相关工作的启示，对于推动国内应对气候变化损失与危害工作具有借鉴意义（何霄嘉等，2014）。

4.2.1 气候变化损失与危害国际机制的背景与涵义

（1）气候变化损失与危害国际机制的由来

气候变化损失与危害国际机制是在《公约》下气候变化损失与危害议题谈判中逐步形成和演变而来。2007年，巴厘行动计划要求缔约方考虑特别脆弱的发展中国家应对气候变化不利影响相关损失与危害的方法与策略（Decision 1/CP. 13）（UNFCCC，2007a）。2008年在波兹南会议（COP14）上，小岛国联盟首次提出应对气候变化损失与危害的多窗口机制（AOSIS Submission，2010）。2010年COP16的《坎昆协议》中决定建立一项旨在考虑特别脆弱的发展中国家应对气候变化不利影响相关的损失与危害方法的工作计划（Decision1/CP. 16）（UNFCCC，2010）。2011年COP17的《德班协议》中提出缔约方之间开展讨论以加深对损失与危害问题的认识（Decision 2/CP. 17）（UNFCCC，2011c）。2012年，由于IPCC《管理极端事件和灾害风险推进气候变化适应》特别报告的推动（IPCC，2012），以及发展中国家利用发达国家急于关闭巴厘路线图授权的有利机遇，小岛屿国家和最不发达国家在损失危害问题上提高要价、寻求突破，使损失与危害问题突然升温，在多哈举行的COP18上，成为影响大会能否成功的关键议题之一。最终，《多哈协议》决定在COP19上建立应对损失与危害的机构安排（Decision 1/CP. 18）（UNFCCC，2012b）。

（2）气候变化损失与危害国际机制的涵义

学术界尚未对损失与危害问题形成统一的定义，但基本认同气候变化的损失与危害是人类通过减缓或适应未能避免的气候变化的不利影响（United Nations University，2012），包括三个方面：一是由于政治决策与行动迟缓、资金技术缺乏等限制导致减缓或适应行动不能完全消除气候变化带来的不利影响，存在"残余的损失与危害"；二是某些气候变化的不利影响是当前人类无法采取适应行动的，如海洋酸化；三是按照应对气候变化行动"成本–效益"的原则，采取行动的成本大于收益而放弃应对气候变化行动形成的损失与危害。由于当前人类应对气候变化实践的现状决定了气候变化的损失与危害已不可避免，因此建立专门应对气候变化损失与危害的机制就成为必然选择。目前，最具代表性的应对气候变化损失与危害的国际机制——多窗口国际机制，主要通过保险、恢复与赔偿、风险管理应对损失与危害：保险部分支持小岛国联盟、最不发达国家和其他特别脆弱的发展中国家，通过创新性的保险工具，帮助管理、传播、对冲、减少和转移与气候变化相关灾害的经济风险。恢复与赔偿部分用于应对渐变事件的不利影响，比如海平面上升、温升、海洋酸化。由发达国家出资建立"国际保险基金"补偿小岛国联盟、最不发达国家和其他特别脆弱的发展中国家因渐变事件造成的损失与危害。风险管理部分通过发展风险评估和风险管理工具，加强减少风险措施的实施，增加技术和资金支持来减少与气候变化极端事件和渐变事件相关的风险（AOSIS Submission，2010）。

4.2.2 国内应对气候变化损失与危害相关工作的现状

目前，我国没有建立针对气候变化损失与危害的应对机制。但现有的自然灾害应对机制为应对气候变化损失与危害提供了基础，主要有三种：一是国家财政转移支付，二是社会捐助制度，三是自然灾害保险。财政转移支付制度是以各级政府之间所存在的财政能力差异为基础，以实现各地公共服务水平均等化为主旨而实行的一种财政资金转移或财政平衡制度。向居民提供均等化的基本公共物品与服务，不仅是现代国家主权在民理念的重要体现，而且是国家政权及其财政合法性的基础和来源。因此，财政转移支付制度具有稳定器的功能，是处理中央政府和地方政府间关系、实现各地财力均衡和公共服务均等化、促进社会和谐的重要制度安排。自1994年以来，我国财政转移支付中的专项补助主要用于特大自然灾害的救济费用。如汶川地震造成的直接经济损失超过1000亿元，财政部、民政部下拨灾后重建补助资金300亿元。同时，通过地方政府对口支援建设的形式，实质上形成地方财政的转移支付（史丽佳，2009）。

社会捐助是慈善的一种最常见的表现方式，是我国遭受重大自然灾害恢复重建过程中的重要资金和物资来源机制，汶川地震灾区接受的社会直接捐助超过 100 亿元。目前，我国的社会捐助制度尚在发展过程中，经常性的社会捐助制度正在建设。逐步由一种零散被动的行动演变为经常化、规范化和制度化的活动，创新型的社会捐助制度正在建设。目前已经建立运行的是经常性社会捐助公示制度。但与先进国家对比，仍存在捐赠与需求之间信息不对称，社会捐赠的市场化程度较低，捐助来源单一，缺乏相应的激励机制等问题。在进一步发挥民间组织在社会捐助中的作用，明确社会的税收优惠政策以及社会捐助违法行动的法律责任，提高捐赠款、捐物管理和使用的透明度等方面仍待提高（高丽虹和伊海燕，2011）。

自然灾害保险是运用市场机制，增强社会和个人对自然灾害承受能力的良好做法。在市场机制发展较好的国家普遍应用于包括气候变化在内的自然灾害损失与危害的风险转移，以减轻政府救济和居民自救压力。我国习惯运用行政手段进行灾害管理和救助，但政府补偿在重大自然灾害补偿中的比例不高，大约在 3.5%，居民自我负担比例在 90% 以上。同时，尽管社会存在对自然灾害保险的强烈需求，但国内保险市场的自然灾害保险产品极度匮乏。一般保险公司不提供巨灾保险，财产险均将洪水等自然灾害作为免责条款，被保险人无法从保险公司获得相应赔偿。如汶川地震后获得保险业的赔付只占全部经济损失的 0.21%。因此，进一步加强和推广自然灾害保险，建立全国性的自然灾害市场化应对机制对应对气候变化的损失与危害具有重要意义。目前，在宜兴、苏州等地区正在开展农业自然灾害保险的试点，尝试适应农业自然灾害不平衡发生的规律，在补偿灾害损失、恢复生产、保障灾民生活、保持农业可持续发展中发挥重要作用，并且为全国自然灾害保险机制的建立积累经验（席劲松，2009）。

4.2.3　气候变化损失与危害国际机制的启示及建议

（1）构建我国应对气候变化损失与危害框架系统

我国气候灾害涉及面很广，受灾程度较深，仅依靠个人、家庭和企业难以应对气候变化的损失与危害，若借鉴应对气候变化损失与危害国际机制，建立我国应对气候变化损失与危害的系统将可能极大地推动我国应对气候变化工作。借鉴气候变化损失与危害国际机制的框架，将气候灾害损失与危害通过商业模式、政府分担和社会力量援助等形式，损失与危害实行分级、分层分担，有助于受灾人群和地区的快速重建。我国应对气候变化损失与危害的机制尚未成形，建议从三个方面进一步探索：一是适度调整政府过度承担的灾后重建模式，将财政转移支付由灾后应急的、临时的和随机的模式转向灾前系统的、稳定的、长期的灾害防治机制；二是探索制度化、规范化的灾害捐助制度，加强捐助过程的公开、透明、高效和公平，引导社会资源有效的参与到自然灾害的重建和恢复过程；三是逐步建立和扩大自然灾害的保险制度，通过公共和私营资金的合作，减少自然灾害对经济社会运行的冲击，最大化地减少气候变化导致的损失与危害。最终形成应对气候变化损失与危害相关的政府财政转移支付、救灾捐赠体系和农业灾害保险等的整合机制。

（2）充分利用气候变化损失与危害机制中的保险工具

保险工具是应对极端气候事件损失与危害机制的核心作用点，在损失与危害国际机制设计中充分突出保险作用的创新性模式，给国内保险相关领域潜力开发带来启示。气候变化损失与危害国际机制中的保险部分包括无法采用符合成本-效益原则的行动来应对的中等或很高气候变化风险，分为两条线：对中等频度和低影响程度的气候风险，气候保险援助机制通过公共或私人保险，以及其他社会保障体系支持脆弱的地区。比如，对农业的宏观保险、国家的风险基金。对低频度高影响程度的气候风险，提供金融安全网来应对（Munich Climate Insurance Initiative，2008）。国内气候保险特别是农业灾害险已经初具规模，在近年气候灾害的应对过程中发挥了一定的作用，但仍面临机制创新不足、市场机制作用发挥不充分、参与程度有限等问题。国内应该通过借鉴气候变化损失与危害国际机制中创新的保险机制，如加勒比海地区飓风灾害基金、慕尼黑气候保险计划等（Munich Climate Insurance Initiative，2009），发展具有我国特色的气候灾害风险分担机制，充分发挥我国气候保险在应对灾害、维护农民生计、社会稳定方面的独特作用。建议针对气候灾害的特点，重点发展巨灾类保险产品的研究与开发。在现有农业灾害险、财产险的基础上，发展气象灾害保险/再保险，建立完善的保险产品体系系统设置，适度增加政府的引导和财政支持力度，不断扩大气候灾害保险的覆盖度和受益度。

（3）加强国内重点区域和领域的气候变化风险管理

风险管理可有效减少气候变化带来的损失与危害，启示国内重点区域和领域需要加强风险管理以更高效地应对气候变化带来的不利影响。气候变化变化损失与危害国际机制中风险管理模块主要通过发展风险评估和管理工具，加强减少风险措施的实施，增加技术和资金支持来减少风险。如英国应对海平面上升和洪水风险的泰晤士河大坝、荷兰综合管理洪水灾害风险和淡水供给的三角洲地区治理机制、欧盟的城市地区综合应对热浪、洪水和水资源短缺风险的组合行动等，均有效减少气候变化对区域和领域的风险（EU，2013）。国内农业、水资源、林业等领域，城市、海岸带等区域面临较高的气候变化风险，通过风险减少措施，特别是增加技术和资金投入，加强对重点区域和领域气候变化风险的管理。建议加强重点区域气候灾害风险管理，对城市、海岸带等气候灾害高风险区域加强管理，通过建立完善的风险预估、灾前预警、灾中救助和灾后恢复等机制，有效降低重点区域的气候灾害风险，维护经济发展和生态环境安全。

（4）开展气候变化损失与危害机制的科学基础研究

气候变化损失与危害机制存在科学不确定性，国内应对气候变化损失与危害工作也面临着同样的问题，相关科学基础也急需加强。首先，由于《公约》下气候变化的定义是狭义的，特指工业革命以来由于直接或间接人类活动排放温室气体改变地球的大气组成导致的气候变化，不包含气候的自然变率。现有科学认识无法准确地区分气候自然变率和人类活动导致气候变化在遭受的损失与危害中的贡献。其次，与气候变化相关的损失与危害的空间范围巨大，涉及的类型和种类多样，几乎全球所有国家都面临与气候变化相关的损失与危害，广义上包括人员伤亡、经济损失、生态破坏、环境污染、文化和社会传统等（UNFCCC Secretariat，2011）。国内开展应对气候变化损失与危害工作也需要加强损失与危害的定义和范围等基础理论研究。最后，气候变化损失与危害机制需要坚实的数据基础。同样，国内也需要建立具有共识的气候变化损失与损害的科学评估方法，还需要收集、获得全国范围内准确的损失与危害的数据开展评估。建议系统开展气候变化损失与危害应对机制的研究，探索气候变化损失与危害的归因，深入分析损失与危害问题的内涵，加强损失与危害评估理论、方法和数据获取等方面的研究，增强气候变化损失与危害问题的科学基础。

（5）警惕气候变化损失与危害机制带来的出资压力

气候变化损失与危害的机制仍在设计与谈判过程中，由于我国经济快速发展和温室气体排放量增长，存在为损失与危害补偿方面出资的压力。虽然，《公约》第4.3条中关于气候变化不利影响的责任认定是非常明确的，发达国家对此负有不可推卸的历史责任。但近年来，美欧等发达国家竭力逃避和转嫁自身责任，强调包括发达国家在内的所有国家在气候变化面前都是脆弱的，在国家驱动的原则下，损失与危害是各国自己的问题，应该由各国对自身的损失与危害负责。同时，发达国家向新兴的发展中大国施压，让与发达国家"具有同等能力"的发展中国家在损失与危害补偿方面出资，承担出资义务（Submissions from Parties and Relevant Organizations，2011）。小岛国联盟在损失与危害机制中提出"污染者付费"原则，也不符合《公约》由发达国家承担历史责任的宗旨，有向发展中国家转嫁责任的风险。建议应对气候变化损失与危害谈判工作需要早做准备，明确我国是发展中国家的定位，不能承担与发达国家"具有同等能力"的责任，并制定损失与危害机制谈判中"污染者付费"责任的应对策略。

4.3 国际气候变化适应政策发展的启示

回顾国际气候变化适应政策的发展历程可以看出，进入21世纪以来，适应在应对气候变化行动中已经获得了与减缓同等的重要性。多数发达国家从2006年开始制定专门的气候变化适应政策，包括法律、框架、战略、规划等文件形式，最不发达国家在《公约》资金机制的支持下也相继开展了《国家适应行动方案》和《国家适应规划》的编制工作，因此制定专门的气候变化适应政策已经成为必然趋势（孙博和何霄嘉，2014）。

我国2007年发布了《中国应对气候变化国家方案》，把减缓温室气体排放和提高适应气候变化能力并列作为我国应对气候变化的主要目标和任务，提出了适应气候变化的重点领域以及技术和能力建设需求。同年，我国启动了《中国应对气候变化科技专项行动》。从2008年开始，我国每年发布《中国应对气候变化的政策与行动》报告，其中包括适应气候变化的工作和成效。近几年，我国开展了适应气候变化国家战略专题研究，并且组织制定了《国家适应气候变化战略》和《国家应对气候变化规划》。在地方层次，我国31个省（自治区、直辖市）在2009年完成了应对气候变化方案的编制，2011年以来各地在《地方应对气候变化规划编制指导意见》的指导下开始编制应对气候变化规划。在部门层次，近几年科技、林业、海洋、气象、工业等部门制定了应对气候变化的行动规划和方案，部署了与适应相关的工作，例如《"十二五"国家应对气候变化科技发展专项规划》《"十三五"应对气候变化科技创新专项规划》等。由此可见，我国在气候变化适应政策部署方面已经取得重要进展，但与世界主要国家特别是发达国家相比，我国还存在以下差距和不足。

1）从适应政策的表现形式来看，目前包括我国在内的几个新兴经济体国家（如俄罗斯、印度等）制定和实施的气候变化政策仍然是包含减缓和适应的综合性政策，尚未形成专门的适应政策。我国近几年开展适应气候变化国家战略专题研究，组织制定《国家适应气候变化战略》，实际上体现了国际气候变化适应政策的发展趋势。气候变化适应政策的科学制定需要以相关的影响、脆弱性和适应研究为基础，因此在适应政策制定过程中可以进一步明确国家适应气候变化的重点领域和区域、技术需求和资金需求，这对于发展中国家合理分配应对气候变化的资源以及在公约下争取技术和资金等资源具有重要意义。

2）从适应政策的制定依据来看，发达国家通常是在系统开展气候变化预测、影响评估和风险评价研究的基础上制定气候变化适应政策的，而发展中国家制定适应政策的基础相对薄弱，通常是以本国有限的、分散的研究成果作为依据。以英国为例，1997 年英国启动了气候影响计划，2009 年完成了新一轮的气候预测研究，2012 年完成了气候变化风险评估，在此基础上英国于 2013 年发布了《国家适应规划》。我国《应对气候变化国家方案》发布于第一次《气候变化国家评估报告》之后，其中关于气候变化对我国的影响引用了后者的结果，但后者对于气候变化影响的评估相对薄弱。目前，我国在气候变化领域的研究水平与发达国家相比还存在差距，需要进一步加强气候变化预测、影响评估、脆弱性和风险评价技术研发，为开展气候适应研究提供统一的信息共享平台，缩短科学研究与决策应用的差距，从而为国家、地方和部门制定专门的气候变化适应政策提供共同科学基础。

3）从适应政策的战略定位来看，发达国家的气候变化适应政策除了部署本国的任务之外，还特别突出援助发展中国家增强气候变化适应能力，并在气候变化适应方面发挥国际引领作用。例如，美国 2013 年发布的《气候行动规划》把引领国际社会应对气候变化作为一项核心任务，而日本在《建设气候变化适应型新社会的技术开发方向》中也指出，通过发达国家之间合作以及发达国家向发展中国家提供援助，提升整个国际社会应对气候变化的能力，同时在绿色社会设施建设等领域发挥国际引领作用。与之相比，发展中国家的气候变化适应政策则主要关注本国需求以及如何利用国际资源满足本国需求。随着我国国际地位的提高、应对气候变化南南合作的增多以及海外利益的发展，我国未来气候变化适应政策除了立足本国需求之外，还应当重视在气候变化适应领域与发达国家和发展中国家开展合作的战略和策略研究，关注气候变化对我国海外利益的影响及适应。

4）从适应政策的内容构成来看，发达国家在适应政策中通常会明确规定政策目标、重点部门或领域、具体任务、责任部门、进度安排、评估机制等内容，因此政策具有很强的可操作性，对于责任部门也具有严格的约束力，而发展中国家气候变化适应政策的内容多是对适应部门、领域及其任务的原则性描述。我国《应对气候变化国家方案》确定了农业、林业、水资源等重点领域适应气候变化的任务，但是没有明确具体的责任部门，也缺乏可量化的评估指标。因此，我国应开展气候变化适应政策制定的方法学研究，特别是研究在调整现有政策和制定新政策时纳入气候变化因素的方法以及政策影响评估的方法，提高政策内容的科学性、合理性、完整性、可操作性和可度量性。

5）从适应政策的实施机制来看，发达国家通常会针对适应政策配套建立相应的监控和评估机制及方法，定期评价政策的实施进展和效果，而发展中国家的气候变化适应政策中或是没有提及，或是提及但未做具体安排和后续部署。我国《应对气候变化国家方案》对适应气候变化任务的责任部门、评估指标、监控和评估机制均未做规定。因此，我国应加强气候变化适应政策实施机制的研究，包括体制安排、监控和评估方法、反馈机制、政策障碍、能力建设等，开展气候变化适应相关政策实施的动态监控和评估，建立适应性管理机制。

参 考 文 献

崔胜辉, 李旋旗, 李扬, 等 . 2011. 全球变化背景下的适应性研究综述 . 地理科学进展,
　 30 (9): 1088-1098.

《第二次气候变化国家评估报告》编写委员会 . 2011. 第二次气候变化国家评估报告 . 北京:
　 科学出版社 .

《第三次气候变化国家评估报告》编写委员会 . 2015. 第三次气候变化国家评估报告 . 北京:
　 科学出版社 .

丁永建, 秦大河 . 2009. 冰冻圈变化与全球变暖: 我国面临的影响与挑战 . 中国基础研究,
　 11 (3): 4-10.

杜寅, 周放, 舒晓莲, 等 . 2009. 全球气候变暖对中国鸟类区系的影响 . 动物分类学报,
　 34 (3): 664-674.

段居琦, 徐新武, 高清竹 . 2014. IPCC 第五次评估报告关于适应气候变化与可持续发展的新认
　 知 . 气候变化研究进展, (10): 197-202.

发展援助研究协会 (DARA) . 2012. 2012 年气候脆弱性监测报告 .

方一平, 秦大河, 丁永建 . 2009. 气候变化适应性研究综述 . 干旱区研究, 26 (3): 299-305.

高丽虹, 伊海燕 . 2011. 我国法治政府在社会捐助法律制度建设中的理念创新 . 重庆科技学院
　 学报: 社会科学, (4): 23-30.

郭洁, 李国平 . 2007. 若尔盖气候变化及其对湿地退化的影响 . 高原气象, 26 (2): 422-428.

国家发展和改革委员会 . 2013. 国家适应气候变化战略 .

国家海洋局 . 2011a. 2010 年中国海洋经济统计公报 .

国家海洋局 . 2011b. 2010 年中国海平面公报 .

韩慕康, 三村信男, 细川恭史, 等 . 1994. 渤海西岸平原海平面上升危害性评估 . 地理学报,
　 49 (2): 107-116.

郝敦元, 刘钟龄, 王炜, 等 . 2002. 内蒙古草原植物群落组织力的分析 . 干旱区资源与环境,
　 16 (3): 97-102.

郝维民 . 2006. 内蒙古通史纲要 . 北京：人民出版社 .

何霄嘉，马欣，李玉娥，等 . 2014. 应对气候变化损失与危害国际机制对中国相关工作的启示 . 中国人口·资源与环境，(24)：14-18.

何霄嘉，许吟隆 . 2016. 适应气候变化机理研究的回顾与展望 . 全球科技经济瞭望，31 (12)：62-66.

何霄嘉，张九天，仇天宇，等 . 2012. 海平面上升对我国沿海地区的影响及其适应对策 . 海洋预报，29 (6)：84-91.

何霄嘉，张于光，张九天，等 . 2012. 中国生物多样性适应气候变化策略研究 . 现代生物医学进展，12 (20)：3966-3969，3984.

何霄嘉 . 2017. 黄河水资源适应气候变化的策略研究 . 人民黄河，(8)：44-48.

贺建桥，宋高举，蒋熹，等 . 2008. 2006 年黑河水系典型流域冰川融水径流与出山径流的关系 . 中国沙漠，28 (6)：1186-1189.

黄河水利委员会 . 2010. 黄河流域水资源综合规划报告 . 郑州：黄河水利委员会 .

黄焕平，马世铭，林而达，等 . 2013. 不同稻麦种植模式适应气候变化的效益比较分析 . 气候变化研究进展，(9)：132-138.

黄培祐，李启剑，袁勤芬 . 2008, 准噶尔盆地南缘梭梭群落对气候变化的响应 . 生态学报，28 (12)：6051-6059.

黄镇国，谢先德 . 2000. 广东海平面变化及其影响与对策 . 广州：广东科技出版社 .

蒋金荷 . 2011. 中国碳排放量测算及影响因素分析 . 资源科学，(4)：597-604.

焦克勤，井哲帆，韩添丁，等 . 2004. 42a 来天山乌鲁木齐河源 1 号冰川变化及趋势预测 . 冰川冻土，26 (3)：253-260.

焦克勤，王纯足，韩添丁 . 2000. 天山乌鲁木齐河源 1 号冰川新近出现大的物质负平衡 . 冰川冻土，22 (1)：62-64.

金君良，王国庆，刘翠善 . 2013. 黄河源区水文水资源对气候变化的响应 . 干旱区资源与环境，27 (5)：137-143.

居辉，李玉娥，许吟隆，等 . 2014. 气候变化适应行动实施框架 . 气象与环境学报，26 (6)：55-58.

科学技术部社会发展科技司，中国 21 世纪议程管理中心 . 2011. 适应气候变化国家战略研究 . 北京：科学出版社 .

李长看，张光宇，王威 . 2010. 气候变暖对郑州黄河湿地鸟类分布的影响 . 安徽农业科学，38 (6)：2962-2963.

李平日, 方国祥, 黄光庆. 1993. 海平面上升对珠江三角洲经济建设的可能影响及对策. 地理学报, 48 (6)：527-534.

李玉娥, 马欣, 高清竹, 等. 2010. 适应气候变化谈判的焦点问题与趋势分析. 气候变化研究进展, 6 (4)：296-300.

李玉娥, 马欣, 何霄嘉. 2014.《巴厘行动计划》以来适应气候变化谈判进展及未来需求分析. 气候变化研究进展, 10 (2)：135-141.

李忠勤, 韩添丁, 井哲帆, 等. 2003. 乌鲁木齐河源区气候变化和1号冰川40a观测事实. 冰川冻土, 25 (2)：117-123.

刘丹, 那继海, 杜春英, 等. 2007. 1961-2003年黑龙江主要树种的生态地理分布变化. 气候变化研究进展, 3 (2)：100-105.

刘杜鹃, 叶银灿. 2005. 长江三角洲地区的相对海平面上升与地面沉降. 地质灾害与环境保护, 16 (4)：400-404.

刘加珍, 陈亚宁. 2002. 新疆塔里木河下游植物群落逆向演替分析. 干旱区地理, 25 (3)：231-236.

栾维新, 崔红艳. 2004. 基于GIS的辽河三角洲潜在海平面上升淹没损失评估. 地理研究, 23 (6)：805-814.

马安青, 高峰, 贾永刚, 等. 2006. 基于遥感的贺兰山两侧沙漠边缘带植被覆盖演变及对气候响应. 干旱区地理, 29 (2)：170-177.

马欣, 李玉娥, 仲平, 等. 2010. 联合国气候变化框架公约适应委员会职能谈判焦点解析. 气候变化研究进展, 6 (4)：296-300.

马欣, 李玉娥, 仲平. 2012.《联合国气候变化框架公约》适应委员会职能谈判焦点解析. 气候变化研究进展, 8 (2)：144-149.

马欣, 李玉娥, 何霄嘉, 等. 2013.《联合国气候变化框架公约》应对气候变化损失与危害问题谈判分析. 气候变化研究进展, 9 (5)：357-361.

马欣, 李玉娥, 何霄嘉, 等. 2014. 气候变化损失与危害的内涵与应对机制. 中国人口·资源与环境, 24 (5)：10-13.

牛书丽, 万师强, 马克平. 2009. 陆地生态系统及生物多样性对气候变化的适应与减缓. 学科发展, 24 (4)：421-427.

潘韬, 刘玉洁, 张九天, 等. 2012. 适应气候变化技术体系的集成创新机制. 中国人口资源与环境, (22)：1-5.

彭斯震, 何霄嘉, 张九天, 等. 2015. 中国适应气候变化政策现状、问题和建议中国人口. 资源与环境，(9)：1-7.

祁如英.2006. 青海省动物物候对气候变化的响应.青海气象，1：28-31.

《气候变化国家评估报告》编写委员会.2007. 气候变化国家评估报告.北京：科学出版社.

秦大河.2002. 中国西部环境变化的预测.北京：科学出版社.

秦大庸，刘家宏，陆垂裕，等.2010. 海河流域二元水循环研究进展.北京：科学出版社.

秦甲，丁永建，叶柏生，等.2011. 中国西北山地景观要素对河川径流的影响作用分析.冰川冻土，33 (2)：397-404.

任继周.1997. 草地农业持续发展的原则理解.草业学报，6 (4)：1-5.

沈永平，刘时银，甄丽丽，等.2001. 祁连山北坡流域冰川物质平衡波动及其对河西水资源的影响.冰川冻土，23 (3)：244-250.

施雅风，朱季文，谢志仁，等.2000. 长江三角洲及毗连地区海平面上升影响预测与防治对策.中国科学，30 (3)：225-232.

史丽佳.2009. 我国财政转移支付制度的再审视.商业时代，(2)：59-61.

孙成永，康相武，马欣.2013. 我国适应气候变化科技发展的形势与任务.中国软科学，(10)：182-185.

孙傅，何霄嘉.2014. 国际气候变化适应政策发展动态及其对中国的启示.中国人口·资源与环境，(24)：1-9.

孙耀华，仲伟周，庆东瑞.2012. 基于 Theil 指数的中国省际间碳排放强度差异分析.财贸研究，23 (3)：1-7.

谭晓林，张乔民.1997. 红树林潮滩沉积速率及海平面上升对我国红树林的影响.海洋通报，16 (4)：29-35.

王国亚，沈永平.2011. 天山乌鲁木齐河源 1 号冰川面积变化对物质平衡计算的影响.冰川冻土，33 (1)：1-7.

王浩，王建华，贾仰文，等.2016. 海河流域水循环演变机理与水资源高效利用.北京：科学出版社.

王建国.2012. 中国农业综合开发适应气候变化理论与实践.北京：中国财政经济出版社.

王建华，王浩，李海红，等.2014. 社会水循环原理与调控.北京：科学出版社.

王金南，逯元堂，周劲松，等.2006. 基于 GDP 的中国资源环境基尼系数分析.中国环境科学，(1)：111-115.

王让会，樊自立.2000. 塔里木河下游近 50a 来沙质荒漠化演变规律.中国沙漠，20 (1)：45-50.

王炜，刘钟龄.1996a.内蒙古草原退化群落恢复演替的研究：Ⅰ.退化草原的基本特征与恢复演替动力.植物生态学报，20（5），449-459.

王炜，刘钟龄，郝敦元，等.1996b.内蒙古草原退化群落恢复演替的研究：Ⅱ.恢复演替时间进程的分析.植物生态学报，20（5）：460-471.

王炜，刘钟龄，梁存柱.1997.内蒙古退化草原植被对禁牧的动态响应.气候与环境研究，2（3）：236-240.

王炜，梁存柱，刘钟龄，等.1999.内蒙古草原退化群落恢复演替的研究：Ⅳ.恢复演替过程中植物种群动态的分析.干旱区资源与环境，13（4）：44-55.

王艳红，张忍顺，谢志仁.2004.未来江苏中部沿海相对海面变化预测.地球科学进展，19（6）：992-996.

吴春霞，刘玲.2008.加拿大一枝黄花入侵的全球气候背景分析.农业环境与发展，25（5）：95-97.

吴建国.2011.气候变化对6种荒漠动物分布的潜在影响.中国沙漠，31（2）：464-475.

吴建国，吕佳佳，艾丽.2009.气候变化对生物多样性的影响：脆弱性和适应.生态环境学报，18（2）：693-703.

吴素芬，刘志辉，韩萍，等.2006.气候变化对乌鲁木齐河流域水资源的影响.冰川冻土，28（5）：703-706.

习彭鹏，张韧，洪梅，等.2015.气候变化影响与风险评估方法的研究进展.大气科学学报，38（2）：115-118.

席劲松.2009.试论我国重大自然灾害保险制度的构建.广州：中山大学.

夏东兴，刘振夏，王德邻，等.1994.海面上升对渤海湾西岸的影响与对策.海洋学报，16（1）：61-67.

夏军，刘昌明，丁永健，等.2011.中国水问题观察（第一卷）：气候变化对我国北方典型区域水资源影响及适应对策.北京：科学出版社.

夏军，彭少明，王超，等.2014.气候变化对黄河水资源的影响及其适应性管理.人民黄河，36（10）：1-4.

夏军，石卫，雒新萍，等.2015.气候变化下水资源脆弱性的适应性管理新认识.水科学进展，26（2）：279-286.

许富祥，吴学军.2007.灾害性海浪危害及分布.中国海事，（4）：65-66.

许吟隆，吴绍洪，吴建国，等.2013.气候变化对中国生态和人体健康的影响与适应.北京：科学出版社.

许吟隆, 郑大玮, 刘晓英, 等. 2014. 中国农业适应气候变化关键问题研究. 北京：气象出版社.

薛松贵, 张会言, 张新海, 等. 2013. 黄河流域水资源利用与保护. 郑州：黄河水利出版社.

严作良, 周华坤, 刘伟, 等. 2003. 江河源区草地退化状况及成因. 中国草地, 25 (1)：73-78.

杨健, 华贵翁. 1998. 新疆土地荒漠化及其防治对策. 防护林科技, 36：24-29.

杨俊, 王佳, 张宗益. 2012. 中国省际碳排放差异与碳减排目标实现——基于碳洛伦兹曲线的分析. 环境科学学报, 32 (8)：2016-2023.

杨正国, 张九兵, 汪有奎, 等. 2008. 祁连山林业洪水灾害及防治对策. 甘肃林业科技, 33 (1)：58-61.

姚玉璧, 张秀云, 段永良. 2008. 气候变化对亚高山草甸类草地牧草生长发育的影响. 资源科学, 30 (12)：1839-1845.

喻踏, 阎建忠, 张镱锂. 2011. 区域气候变化脆弱性综合评估研究进展. 地理科学进展, 30 (1)：27-34.

张锦文, 王喜亭, 王惠. 2001. 未来中国沿海海平面上升趋势估计. 测绘通报, (4)：4-5.

张九天, 何霄嘉, 上官冬辉, 等. 2012. 冰川加剧消融对我国西北干旱区的影响及其适应对策. 冰川冻土, 34 (4)：848-854.

张学成, 潘启民. 2006. 黄河流域水资源调查评价. 郑州：黄河水利出版社.

张雪艳, 何霄嘉, 马欣. 2018. 我国快速城市化进程中气候变化风险识别及其规避对策. 生态经济 (中文版), 34 (1)：138-140.

张雪艳, 汪航, 腾飞, 等. 2019. 新时期中国气候变化科技部署的格局与趋势评估. 中国人口·资源与环境, 29 (12)：19-25.

赵海霞, 王波, 曲福田, 等. 2009. 江苏省不同区域环境公平测度及对策研究. 南京农业大学学报, (3)：98-103.

赵井东, 施雅风, 李忠勤. 2011. 天山乌鲁木齐河流域冰川地貌与冰期研究的回顾与展望. 冰川冻土, 33 (1)：118-125.

赵振勇, 王让会, 张慧芝, 等. 2006. 塔里木河下游荒漠生态系统退化机制分析. 中国沙漠, 26 (2)：220-225.

郑佳佳. 2014. 区际CO_2排放不平等性及与收入差距的关系研究——基于中国省际数据的分析. 科学学研究, (2)：218-225.

郑文振. 1996. 全球和我国近海验潮站地点（和地区）的 21 世纪海平面预测. 海洋通报,

15（6）：1-7.

中国21世纪议程管理中心.2017.国家适应气候变化科技发展战略研究.北京：科学出版社.

《中国生物多样性保护战略与行动计划》编写委员会.2011.中国生物多样性保护战略与行动
计划.北京：中国环境科学出版社.

中华人民共和国国务院新闻办公室.2011.中国应对气候变化的政策与行动（2011）.北京：
人民出版社.

周曙东，周文魁，林光华，等.2013.未来气候变化对我国粮食安全的影响.南京农业大学学
报（社会科学版），13（1）：56-65.

周晓峰，王晓春，韩士杰，等.2002.长白山岳桦-苔原过渡带动态与气候变化.地学前
缘，9（1）：227-231.

Adger W N, Huq K, Brown D, et al. 2003. Adaptation to climate change in the developing world.
Progress in Development Studies, 3：179-195.

Aguilera M, Ferrio J P, Araus J L, et al. 2011. Climate at the on-set of western Mediterranean
agriculture expansion：evidencefrom stableisotopes of sub-fossil oak tree rings in Spain. Palaeogeo-
graphy, Palaeoclimatology, Palaeoecology, 299：541-551.

AOSIS Submission. 2010. Multi-Window Mechanism to Address Loss and Damage from Climate
Change Impacts.

Australian Government. 2010. Adapting to Climate Change in Australia：An Australian Government
Position Paper. Barton：Commonwealth of Australia.

Biesbroek G R, Swart R J, Carter T R, et al. 2010. Europe adapts to climate change：comparing
national adaptation strategies. Global Environmental Change, 20（3）：440-450.

Burkett M. 2009. Climate Reparations. Melbourne Journal of International Law.

Canada, Japan, Zealand, Norway, USA. 2013. Costs, benefits and opportunities for adaptation
under different drivers of climate change, including the relationship between adaptation and
mitigation. http：//unfccc. int/files/documentation/submissions from_parties/adp/application/pdf/
adp_canada,_japan,new zealand,norway_and the us.

Centre for Environmental Risks and Futures. 2012. Evaluating the Risk Assessment of Adaptation
Reports under the Adaptation Reporting Power：Final Summary. Cranfield：Cranfield University.

Climate Plan. 2004. Ministry of Ecology and Sustainable Development.

Commission of the European Communities. 2007. Adapting to Climate Change in Europe-Options for
EU Action. COM（2007）354 final.

Commission of the European Communities. 2009. Adapting to Climate Change: Towards a European Framework for Action. COM（2009）147 final.

Coumou D, Schaeffer M. 2012. Loss and Damage: Climate Change Today and Under Future Ccenarios.

Council for Science and Technology Policy. 2010. Technology Development Direction for a Climate Change Adapted New Society.

Department of Climate Change and Energy Efficiency. 2007. National Climate Change Adaptation Framework.

Department of Environmental Affairs and Tourism. 2004. A National Climate Change response Strategy for South Africa. Pretoria: Department of Environmental Affairs and Tourism.

Development Assistance Research Associates（DARA）. 2012. Climate Vulnerability Monitoring Report 2012.

Ehrlich P R, Holdren J P. 1971. Impact of population growth. Science, 171（3977）: 1212-1217.

EU. 2011. Views and Information on Elements to Be Included in the Work Programme on Loss and Damage. Submissions from Parties and Relevant Organizations. FCCC/SBI/2011/MISC8/add1.

EU. 2013. EU Strategy on Adaptation to Climate Change. European Climate Adaptation Platform.

European Commission. 2013. An EU Strategy on Adaptation to Climate Change. COM（2013）216 final.

Executive Office of the President. 2013. The President's Climate Action Plan.

Field C B, Barros V R, Dokken D J, et al. 2014. Climate Change 2014: Impacts, Adaptation, and Vulnerability. Part A: Global and Sectoral Aspects. Contribution of Working Group II to the Fifth Assessment Report of the Intergovernmental Panel on Climate Change. Cambridge and New York.

Foundation for International Environmental Law andDevelopment. 2012. Loss and Damage Caused by Climate Change: Legal Strategies for Vulnerable Countries.

Fuller T, Morton D P, Sarkar S. 2008. Incorporating uncertainty about species' potential distributions under climate change into the selection of conservation areas with a case study from the arctic coastal plain of Alaska. Biological Conservation, 141: 1547-1559.

Government of Brazil. 2008. National Plan on Climate Change.

Government of Canada. 2011. Federal Adaptation Policy Framework. Gatineau: Environment Canada.

Government of India. 2008. National Action Plan on Climate Change.

Government of the Russian Federation. 2009. Climate Doctrine of the Russian Federation.

Groot L. 2010. Carbon Lorenz curves. Resource and Energy Economic, 32（1）: 45-64.

Hannan L, Hansen L. 2005. Designing Landscapes and Seascapes for Change//Lovejoy T E, Hannah

L. Climate change and biodiversity. New Haven, Connecticut: Yale University Press.

Havey F. 2012. Doha Climate Change Deal Clears Way for Damage Aid to Poor Nations.

He X J. 2017a. Information on impacts of climate change and adaptation in China. Journal of Environmental Informatics, 29 (2): 110-121.

He X J. 2017b. Climate change adaptation approches with nomadic culture characteristics in Inner Mongolia grassland in China. Chinese Journal of Population Resources & Environment, 15 (3): 220-225.

He H, Hao Z. 2005. Simulating forest ecosystem response to climate warming incorporating spatial effects in north-eastern China. Journal of Biogeography, 32: 2043-2056.

Hedenus F, Azar C. 2005. Estimates of trends in global income and resource inequalities. Ecological Economics, 55 (3): 351-364.

Heil M T, Wodon Q T. 1997. Inequality in CO_2 emissions between poor and rich countries. Journal of Environment and Development, 6 (4): 426-452.

HM Government. 2013a. The National Adaptation Programme: Making the Country Resilient to a Changing Climate. London: The Stationery Office.

HM Government. 2013b. Adapting to Climate Change: Ensuring Progress in Key Sectors. London: The Stationery Office.

Hoegh-Guldberg O, Hughes L, Mcintyre S, et al. 2008. Assisted colonization and rapid climate change. Science, 321: 345-346.

Huang P Y, Li Q J, Yuan Q F. 2008. Effects of climate change on Haloxylon ammodendron community in southern edge of Zhunger Basin. Acta Ecologica Sinica, 28 (12): 6051-6059.

Interagency Climate Change Adaptation Task Force. 2011. Federal Agency Climate Change Adaptation Planning: Implementing Instructions.

IPCC. 1990a. Climate Change: the IPCC Impacts Assessment. Canberra: Australian Government Publishing Service.

IPCC. 1990b. Climate Change: the IPCC Response Strategies. Canberra: Australian Government Publishing Service.

IPCC. 1995. Working Group II: Impacts, Adaptations and Mitigation of Climate Change: Scientific-technical Analysis. Cambridge: Cambridge University Press.

IPCC. 1997. The Regional Impacts of Climate Change: An Assessment of Vulnerability. Cambridge: Cambridge University Press.

IPCC. 2001. Working Group II: Impacts, Adaptations and Mitigation of Climate Change: Scientific-technical Analysis. Cambridge: Cambridge University Press.

IPCC. 2007. Climate CHange 2007: Impacts, Adaptation, and Vulnerability. Cambridge: Cambridge University Press.

IPCC. 2012. Managing the Risks of Extreme Events and Disasters to Advance Climate Change Adaptaion.

IPCC. 2014. Climate Change 2014: Impacts, Adaptation, and Vulnerability. Cambridge: Cambridge University Press.

Jonathan R M, Robin O, Dennis S O. 2009. A review of climate-change adaptation strategies for wildlife management and biodiversity conservation. Conservation Biology, 23 (5): 1080-1089.

Kardono, Winanti W S, Riyadi A, et al. 2012. INDONESIA technology needs assessment for climate change adaptation. http://unfccc. int/ttclear/sunsetcms/storage/contents/st.

Lemos M C, Agrawal A, Eakin H, et al. 2013. Building Adaptive Capacity to Climate Change in Less Developed Countries: Climate Science for Serving Society. Netherlands: Springer.

Leng W, He H. 2008. Predicting the distributions of suitable habitat for three larch species under climate warming in northeastern China. Forest Ecology and Management, 254 (3): 420-428.

Lenoir J, Gegout J C, Marquet P A, et al. 2008. A significant upward shift in plant species optimum elevation during the 20th century. Science, 320: 1768-1771.

Li C K, Zhang G Y, Wang W. 2010. Research on impact of global warming on the birds distribution of Zhengzhou Yellow River Wetland. Journal of Anhui Agri. Sci, 38 (6): 2962-2963.

Lin E D, Xu Y L, Wu S H, et al. 2007. China's national assessment report on climate change (II): Climate change impacts and adaptation. Advances in Climate Change Research: 1673-1719.

Lithuania. 2013. Submission by Lithuania and the European Commission on behalf of the European Union and its member states.

Liu S Y, Ding Y J, Shangguan D H, et al. 2006. Glacier retreat as a result of climate warming and increased precipi-tation in the Tarim River basin, Northwest China. Annalsof Glaciology, 43 (1): 91-96.

Liu Z L, Wang W, Liang C Z. 1998. The regressive succession pattern and its diagnostic of Inner Mongolia Steppe in sustained and super strong grazing. Acta Agrestia Sinica, 6 (4): 244-251.

Lovejoy T E. 2005. Conservation with a changing climate//Lovejoy T E, Hannah L. Climate Change and Biodiversity. New Haven, Connecticut: Yale University Press.

Ma A Q, Gao F, Jia Y G, et al. 2006. RS-based study on the change of vegetation cover and its response to climate change in two desert marginal zones at both sides of the Helan Mountain. Arid Land Geography, 29 (2): 170-177.

Ministry of Ecology, Sustainable Development, Transport and Housing. 2011. National Climate Change Adaptation Plan.

National Strategy for Adaptation to Climate Change. 2006. National Observatory on the Effects of Global Warming.

Norway. 2011. Views and Information on Elements to Be Included in the Workprogramme on Loss and Damage. Submissions from Parties and Relevant Organizations. FCCC/SBI/2011/MISC1.

Padilla E, Serrano A. 2006. Inequality in CO_2 emissions across countries and its relationship with income inequality: A distributive approach. Energy Policy, 34 (14): 1762-1772.

Pan J H, Zheng Y, Markandya A. 2011. Adaptation approaches to climate change in China: an operational framework. Economia Agraria Y Recursos Naturales, 11 (1): 99-112.

Parry M L, Canziani O F, Palutikof J P, et al. 2007. Climate Change 2007: Impacts, Adaptation and Vulnerability, Contribution of Working Group II to the Fourth Assessment Report of the Intergovernmental Panel on Climate Change. Cambridge and New York.

Ranger N, Surminski S, Silver N. 2011. Open Questions About How to Address 'Loss and Damage' from Climate Change in the Most Vulnerable Countries: A Response to the Cancún Adaptation Framework.

Sala O E, Chapin F S, Arnesto J J, et al. 2000. Biodiversity-global ziodiversity scenarios for the year 2100. Science, 287: 1770-1774.

Shi Y F, Liu S Y, Ye B S, et al. 2008. Concise GlacierInventory of China. Shanghai: Popular Science Press.

Sovacool B, Agostino A, Meenawat H, et al. 2012. Expert views of climate change adaptation in least developed Asia. Journal of Environmental Management, 97: 78-88.

Stefan S, Maher N, Andreas B. 2007. Climate and irrigation water use of a mountain oasis in northern Oman. Agricultural Water Management, 89: 1-14.

Submissions from Parties and Relevant Organizations. 2011. Views and Information on Elements to be Included in the WorkProgramme onLoss and Damage. FCCC/SBI/2011/MISC8/add1.

The Federal Government. 2011. Adaptation Action Plan of the German Strategy for Adaptation to Climate Change.

The Government of the Republic of South Africa. 2011. National Climate Change Response White Paper.

The Government of the Russian Federation. 2011. A Comprehensive Plan for Implementation of the Climate Doctrine of the Russian Federation for the Period up to 2020.

The Ministry of Ecology and Natural Resources, the Republic of Azerbaijan. 2012. Technological action plan for adaptation technologies.

The National Climate ProtectionProgramme. 2005. Federal Ministry for the Environment, Nature Conservation and Nuclear Safety.

Thomas C D, Cameroni A, Green R E, et al. 2004. Extinction risk from climate change. Nature, 427: 145-148.

UNFCCC. 2007a. Bali Action Plan (Decision 1/CP. 13). http://unfccc. int/resource/docs/2007/cop 13/eng/06a01. pdf#page=3.

UNFCCC. 2007b. Investment and Financial Flows to Address Climate Change. http://unfccc. int/resource/docs/publications/financial flows. pdf.

UNFCCC. 2010. The Cancun Agreements (Decision 1/CP. 16): Outcome of the Work of the ad hoc Working Group on Long- Term Cooperative Action Under the Convention. http://unfccc. int/resource/docs/2010/cop16/eng/07a01. pdf#page=2.

UNFCCC. 2011a. Launching the Green Climate Fund (Decision3/CP. 17). http://unfccc. int/resource/docs/2011/cop 17/eng/o9a01. pdf#page=55.

UNFCCC. 2011b. National Adaptation Plans (Decision5/CP. 17). http://unfccc. int/resource/docs/2011/cop 17/eng/09a01. pdf.

UNFCCC. 2011c. Outcome of the Work of the ad hoc Working Group on Longterm Cooperative Action under the Convention (Decision2/CP. 17). http://unfccc. int/resource/docs/201 1/copl 7/eng/09a01. pdf#page=55.

UNFCCC. 2011d. Establishment of an Ad Hoc Working Group on the Durban Platform for Enhanced Action. http://unfccc. intresource/docs/2011/cop 17/eng/09a01. pdf#page=2.

UNFCCC. 2012a. National Adaptation Plans (Decision 12/CP. 18). http://unfccc. int/files/meetings/doha nov/2012/decisions/application/pdf/cop18 naps. pdf.

UNFCCC. 2012b. Work of the Adaptation Committee (Decision 11/CP. 18). http://unfccc. int/resource/docs/2012/cop 18/eng/.

UNFCCC. 2012c. Approaches to Address Loss and Damage Associated with Climate Change Impacts in

Developing Countries that Are Particularly Vulnerable to the Adverse Effects of Climate Change to Enhance Adaptive Capacity (Decision 3/CP.18). http://unfccc. int/files/meetings/doha nov2012/decisions/application/pdf/.

UNFCCC. 2012d. Report of the Green Climate Fund to the Conference of the Parties and Guidance to the Green Climate Fund (Draft decision 6/CP.18). http://unfccc. int/files/meetings/doha nov 2012/decisions/application/pdf/cop18 report gcf. pdf.

UNFCCC. 2012e. Agreed Outcome Pursuant to the Bali Action Plan (Decision 1/CP.18).

UNFCCC. 2013. Synthesis Report on the Implementation of the Framework for Capacity- building in Developing Countries (FCCC/SBI/2013/2). http://unfccc. int/resource/docs/2013/sbi/eng/03. pdf.

UNFCCC. 2014. Warsaw International Mechanism for Loss and Damage Associated with Climate Change Impacts (Decision 2/CP.19). http://unfccc. int/resource/docs/2013/cop 1 9/eng/10a01. pdf#page=6.

UNFCCC Secretariat. 2011. Synthesis Report on Views and Information on the Thematic Areas in the Implementation of the Work Programme.

UNFCCC Secretariat. 2012. Report on the Expert Meeting on Assessing the Risk of Loss and Damage Associated with the Adverse Effects of Climate Change.

United Nations University. 2012. Pioneering Study Shows Evidence of Loss & Damage Today from the Front Lines of Climate Change: Vulnerable Communities Beyond Adaptation?

USA. 2011. Views and Information on Elements to be Included in the Workprogramme on Loss and damage. Submissions from Parties and Relevant Organizations. FCCC/SBI/2011/MISC8.

Van R P, Do T T, Thanh N T. 2012. Viet Nam Technology Needs Assessment for Climate Change Adaptation.

Virkkala R, Heikkinen R K, Leikola N, et al. 2008. Projected large- scale range reductions of northern-boreal land bird species due to climate change. Biological Conservation, 141: 1343-1353.

WWF. 2012. Into Unknown Territory: the Limits to Adaptation and Reality of Loss and Damage from Climate Impacts.

Yao Y B, Zhang X Y, Duan Y L. 2008. Impacts of climate change on pasture growth in Subalpine meadows. Resources Science, 30 (12): 1839-1845.

Zhang X Y, He X J, Sun F. 2015. Assessment on climate change adaptation on policies in China. Chin Popul Resour Environ, 25 (9): 8-12.

Zhang Y, Zhou G. 2008. Terrestrial transect study on driving mechanism of vegetation changes.

Science in China Series D: Earth Sciences, 51: 984-991.

Zhao T, Geng H, Zhang X, et al. 2003. Influence of temperature change on forest pests in China. Forest Pest and Disease, 22: 29-32.

Zhou X F, Wang X C, Han S J, et al. 2002. The effect of global climate change on the dynamics of Betulaermanii Tundra Ecotone in the Changbal Mountains. Earth Science Formers, 9 (1): 227-231.